同济博士论丛
TONGJI Dissertation Series

总主编 伍 江 副总主编 雷星晖

祖 梅 王国建 著

碳纳米管纤维的力学性能
及其应用研究

Study on Mechanical Performances of Carbon
Nanotube Fibers and Their Applications

同济大学出版社
TONGJI UNIVERSITY PRESS

内 容 提 要

　　本书围绕碳纳米管纤维的力学性能展开研究,分别采用了纤维微滴测试、拉伸回弹测试及拉伸应力松弛测试;并探索性地采用预拉伸-折皱法将纯碳纳米管纤维应用于制备碳纳米管纤维/聚二甲基硅氧复合薄膜,展示了其作为可拉伸导体的潜在应用。

图书在版编目(CIP)数据

碳纳米管纤维的力学性能及其应用研究 / 祖梅,王国建著. —上海:同济大学出版社,2017.8
(同济博士论丛 / 伍江总主编)
ISBN 978-7-5608-6927-8

Ⅰ. ①碳… Ⅱ. ①祖… ②王… Ⅲ. ①碳—纳米材料—纤维性能—力学性能—研究 Ⅳ. ①TB383

中国版本图书馆 CIP 数据核字(2017)第 090175 号

碳纳米管纤维的力学性能及其应用研究

祖　梅　王国建　著
出 品 人　华春荣　　　责任编辑　姚烨铭　胡晗欣
责任校对　徐春莲　　　封面设计　陈益平

出版发行　同济大学出版社　　www.tongjipress.com.cn
　　　　　(地址:上海市四平路1239号　邮编:200092　电话:021-65985622)
经　　销　全国各地新华书店
排版制作　南京展望文化发展有限公司
印　　刷　浙江广育爱多印务有限公司
开　　本　787 mm×1092 mm　1/16
印　　张　9
字　　数　180 000
版　　次　2017 年 8 月第 1 版　　2017 年 8 月第 1 次印刷
书　　号　ISBN 978-7-5608-6927-8

定　　价　46.00 元

"同济博士论丛"编写领导小组

组　　长：杨贤金　钟志华

副 组 长：伍　江　江　波

成　　员：方守恩　蔡达峰　马锦明　姜富明　吴志强
　　　　　　　徐建平　吕培明　顾祥林　雷星晖

办公室成员：李　兰　华春荣　段存广　姚建中

"同济博士论丛"编辑委员会

袁万城　　莫天伟　　夏四清　　顾　明　　顾祥林　　钱梦騄

徐　政　　徐　鉴　　徐立鸿　　徐亚伟　　凌建明　　高乃云

郭忠印　　唐子来　　阎耀保　　黄一如　　黄宏伟　　黄茂松

戚正武　　彭正龙　　葛耀君　　董德存　　蒋昌俊　　韩传峰

童小华　　曾国苏　　楼梦麟　　路秉杰　　蔡永洁　　蔡克峰

薛　雷　　霍佳震

秘书组成员：谢永生　　赵泽毓　　熊磊丽　　胡晗欣　　卢元姗　　蒋卓文

总　序

在同济大学 110 周年华诞之际，喜闻"同济博士论丛"将正式出版发行，倍感欣慰。记得在 100 周年校庆时，我曾以《百年同济，大学对社会的承诺》为题作了演讲，如今看到付梓的"同济博士论丛"，我想这就是大学对社会承诺的一种体现。这 110 部学术著作不仅包含了同济大学近 10 年 100 多位优秀博士研究生的学术科研成果，也展现了同济大学围绕国家战略开展学科建设、发展自我特色，向建设世界一流大学的目标迈出的坚实步伐。

坐落于东海之滨的同济大学，历经 110 年历史风云，承古续今、汇聚东西，秉持"与祖国同行、以科教济世"的理念，发扬自强不息、追求卓越的精神，在复兴中华的征程中同舟共济、砥砺前行，谱写了一幅幅辉煌壮美的篇章。创校至今，同济大学培养了数十万工作在祖国各条战线上的人才，包括人们常提到的贝时璋、李国豪、裘法祖、吴孟超等一批著名教授。正是这些专家学者培养了一代又一代的博士研究生，薪火相传，将同济大学的科学研究和学科建设一步步推向高峰。

大学有其社会责任，她的社会责任就是融入国家的创新体系之中，成为国家创新战略的实践者。党的十八大以来，以习近平同志为核心的党中央高度重视科技创新，对实施创新驱动发展战略作出一系列重大决策部署。党的十八届五中全会把创新发展作为五大发展理念之首，强调创新是引领发展的第一动力，要求充分发挥科技创新在全面创新中的引领作用。要把创新驱动发展作为国家的优先战略，以科技创新为核心带动全面创新，以体制机制改革激发创新活力,以高效率的创新体系支撑高水平的创新型国家建设。作为人才培养和科技创新的重要平台,大学是国家创新体系的重要组成部分。同济大学理当围绕国家战略目标的实现,作出更大的贡献。

大学的根本任务是培养人才,同济大学走出了一条特色鲜明的道路。无论是本科教育、研究生教育,还是这些年摸索总结出的导师制、人才培养特区,"卓越人才培养"的做法取得了很好的成绩。聚焦创新驱动转型发展战略,同济大学推进科研管理体系改革和重大科研基地平台建设。以贯穿人才培养全过程的一流创新创业教育助力创新驱动发展战略,实现创新创业教育的全覆盖,培养具有一流创新力、组织力和行动力的卓越人才。"同济博士论丛"的出版不仅是对同济大学人才培养成果的集中展示,更将进一步推动同济大学围绕国家战略开展学科建设、发展自我特色、明确大学定位、培养创新人才。

面对新形势、新任务、新挑战,我们必须增强忧患意识,扎根中国大地,朝着建设世界一流大学的目标,深化改革,勠力前行!

万　钢

2017 年 5 月

论丛前言

  承古续今，汇聚东西，百年同济秉持"与祖国同行、以科教济世"的理念，注重人才培养、科学研究、社会服务、文化传承创新和国际合作交流，自强不息，追求卓越。特别是近 20 年来，同济大学坚持把论文写在祖国的大地上，各学科都培养了一大批博士优秀人才，发表了数以千计的学术研究论文。这些论文不但反映了同济大学培养人才能力和学术研究的水平，而且也促进了学科的发展和国家的建设。多年来，我一直希望能有机会将我们同济大学的优秀博士论文集中整理，分类出版，让更多的读者获得分享。值此同济大学 110 周年校庆之际，在学校的支持下，"同济博士论丛"得以顺利出版。

  "同济博士论丛"的出版组织工作启动于 2016 年 9 月，计划在同济大学 110 周年校庆之际出版 110 部同济大学的优秀博士论文。我们在数千篇博士论文中，聚焦于 2005—2016 年十多年间的优秀博士学位论文 430 余篇，经各院系征询，导师和博士积极响应并同意，遴选出近 170 篇，涵盖了同济的大部分学科：土木工程、城乡规划学（含建筑、风景园林）、海洋科学、交通运输工程、车辆工程、环境科学与工程、数学、材料工程、测绘科学与工程、机械工程、计算机科学与技术、医学、工程管理、哲学等。作为"同济博士论丛"出版工程的开端，在校庆之际首批集中出版 110 余部，其余也将陆续出版。

  博士学位论文是反映博士研究生培养质量的重要方面。同济大学一直将立德树人作为根本任务，把培养高素质人才摆在首位，认真探索全面提高博士研究生质量的有效途径和机制。因此，"同济博士论丛"的出版集中展示同济大学博士研究生培养与科研成果,体现对同济大学学术文化的传承。

"同济博士论丛"作为重要的科研文献资源,系统、全面、具体地反映了同济大学各学科专业前沿领域的科研成果和发展状况。它的出版是扩大传播同济科研成果和学术影响力的重要途径。博士论文的研究对象中不少是"国家自然科学基金"等科研基金资助的项目,具有明确的创新性和学术性,具有极高的学术价值,对我国的经济、文化、社会发展具有一定的理论和实践指导意义。

"同济博士论丛"的出版,将会调动同济广大科研人员的积极性,促进多学科学术交流、加速人才的发掘和人才的成长,有助于提高同济在国内外的竞争力,为实现同济大学扎根中国大地,建设世界一流大学的目标愿景做好基础性工作。

虽然同济已经发展成为一所特色鲜明、具有国际影响力的综合性、研究型大学,但与世界一流大学之间仍然存在着一定差距。"同济博士论丛"所反映的学术水平需要不断提高,同时在很短的时间内编辑出版110余部著作,必然存在一些不足之处,恳请广大学者,特别是有关专家提出批评,为提高同济人才培养质量和同济的学科建设提供宝贵意见。

最后感谢研究生院、出版社以及各院系的协作与支持。希望"同济博士论丛"能持续出版,并借助新媒体以电子书、知识库等多种方式呈现,以期成为展现同济学术成果、服务社会的一个可持续的出版品牌。为继续扎根中国大地,培育卓越英才,建设世界一流大学服务。

伍 江

2017 年 5 月

前　言

　　自从碳纳米管(CNTs)连续纤维在 2000 年被成功制备出之后,它们就引起了广泛的研究兴趣。现有的碳纳米管纤维的制备方法,如碳纳米管溶液纺丝法、在基体上垂直生长的碳纳米管阵列抽丝法、在化学气相沉积(CVD)反应炉中制备的碳纳米管气溶胶纺丝法以及碳纳米管薄膜加捻/卷绕纺丝法等方法,得以将纳米尺寸的单根碳纳米管优异的力学、电学及热学性能传递到具有微观尺寸的碳纳米管纤维中。研究表明,与传统商业化碳纤维和聚合物纤维相比,由轴向对齐、紧密排列的碳纳米管构成的碳纳米管纤维具有更高的比强度和比模量;此外,它们还具有极高的韧性和较大的断裂吸收能量,以及令人满意的电学性能和热学性能。这些优异的性能使碳纳米管纤维有望在高性能复合材料的增强剂、力学和生物传感器、电力传输线和微电极等众多方面发挥潜在应用。

　　力学性能是碳纳米管纤维的一个重要的基本问题。然而,现有的大部分与碳纳米管纤维有关的研究主要是采用单纤准静态拉伸试验来表征其短期的拉伸力学性能,而忽略了碳纳米管纤维力学性能的其他方面,如与聚合物基体的界面性能、耐压性能、长期力学性能等。因此,为了能对碳纳米管纤维的力学性能有一个全面的评估并确定今后的研究需要,本书围绕碳纳米管纤维的力学性能展开研究,分别采用了纤维微滴测试、拉伸回弹测试及拉伸应力松弛测试,对中国科学院苏州纳米技术与纳米仿生研究所李清文教授领导的课题组采用碳纳米管阵列抽丝法制备出的碳纳米管纤维的力学性能进行了表征,并探索性地采用预拉伸-折皱法将纯碳纳米管纤维应用于制备碳纳米管纤维/聚二甲基硅氧烷(PDMS)复合薄膜,展示了其作为可拉伸导体的潜在应用。

本研究在以下诸方面进行了开创性的工作。

(1) 采用单纤拉伸测试对 50 根碳纳米管纤维的拉伸性能进行了表征,测得了碳纳米管纤维的平均拉伸强度、杨氏拉伸模量及断裂伸长率分别为(1.2±0.3) GPa、(42.3±7.4) GPa 及(2.7±0.5)%。利用含有两个参数的 Weibull 分布模型对碳纳米管纤维的统计拉伸强度进行了分析。结果表明,本研究所使用的碳纳米管纤维拉伸强度的分散性要小于多壁碳纳米管(MWNTs)和没有经过表面处理的传统碳纤维及玻璃纤维的相应值。

(2) 采用纤维微滴测试对碳纳米管纤维/环氧树脂复合材料的界面性能进行了表征,测得其有效界面强度的大小为 14.4 MPa。采用扫描电子显微镜(SEM)观察了微滴试样的失效界面,观察结果表明,与传统纤维增强的复合材料不同,碳纳米管纤维/复合材料的界面滑移发生在碳纳米管束与环氧树脂渗透形成的碳纳米管纤维/环氧树脂界面层之间。探讨了在微滴测试中使纤维发生拉伸断裂的累积可能性与纤维自由测试长度(L_f)以及埋入树脂微滴长度(L_e)的关系。实验结果表明,L_e 与 L_f 越大,纤维样品发生拉伸断裂的累积可能性也越大。

(3) 采用浸润法制备了碳纳米管/环氧树脂复合纤维,并利用单纤拉伸测试及拉伸回弹测试分别研究了纯碳纳米管纤维与碳纳米管/环氧树脂复合纤维的拉伸力学性能和耐压性能。当纤维被环氧树脂浸润后,碳纳米管纤维的力学性能得到了很大提高,其中,拉伸强度提高了 26%,耐压强度提高了 38%。纤维力学性能的提高要归功于环氧树脂对纤维的有效渗透,这种渗透提高了界面粘结性能及荷载传递到碳纳米管的效率。此外,在扫描电镜下对纤维表面形貌的微观分析表明,折皱的产生是纯碳纳米管纤维发生压缩破坏的主要失效模式,而对碳纳米管/环氧树脂复合纤维来说,由于环氧树脂渗滤纤维后使得纤维的脆性提高,从而使得复合纤维展示出既有拉伸破坏也有压缩破坏的弯曲破坏模式。

（4）采用应力松弛实验研究了碳纳米管纤维具有时间依赖性的行为,特别是在恒定应变条件下的应力松弛行为。全面探讨了纤维类型、初始应变大小、应变速率大小及纤维测量长度大小等众多因素对碳纳米管纤维应力松弛行为的影响。研究发现,在应力松弛实验中,纯碳纳米管纤维及碳纳米管/环氧树脂复合纤维都表现出了较大的应力下降,而在碳纤维中却没有观察到应力松弛行为。其次,对于纯碳纳米管纤维及碳纳米管/环氧树脂复合纤维来说,初始应变水平越高,拉伸应变速率越小,纤维测试长度越长,应力下降的速率就越快。此外,由于在复合纤维的松弛过程中,碳纳米管与环氧树脂的界面滑移与纤维中碳纳米管束之间的相互滑移同时存在,因此,在相同的初始应变条件下,复合纤维的应力松弛速率比纯碳纳米管纤维的相应值较高;而当在一个初始应变条件下保持 1 h 之后,复合纤维中保留的应力松弛模量仍然要高于纯碳纳米管纤维的相应值。最后,采用拉伸指数函数来模拟碳纳米管纤维的松弛行为。模拟结果表明,该拉伸指数函数与纯碳纳米管纤维及其复合纤维的应力松弛的实验数据相当吻合。

（5）分别在纤维拉伸测试及应力松弛实验中采用原位拉曼测试对碳纳米管纤维进行了表征。实验结果表明,在纤维拉伸测试中,纯碳纳米管纤维与复合纤维的 G' 谱带峰位随拉伸应变的增加而降低,且下降速率分别为 5.07 cm^{-1}/% 和 8.51 cm^{-1}/%。复合纤维 G' 谱带峰位下降速率的提高可能是由于在纯碳纳米管纤维中引入环氧树脂后,应变传递效率的提高引起的。这意味着与纯纤维相比,复合纤维中的碳纳米管能够在一给定的宏观应变下承载更多的外力。而在拉伸应力松弛测试中,碳纳米管纤维 G' 谱带峰位随着松弛时间的增加并没有发生明显的变化。由于拉曼散射对由力学拉伸造成的原子间距离的变化比较敏感,因此,这意味着在松弛实验中观察到的碳纳米管纤维的应力松弛很可能是纤维中碳纳米管束发生滑移引起的。

(6) 采用预拉伸—折皱法制备了碳纳米管纤维/PDMS复合薄膜。当释放基体中的预应变使其回复到初始长度时,具有高韧性的碳纳米管纤维便会发生侧向折皱。另一方面,当将 T300 碳纤维与同样的预拉伸基体相粘结并释放基体中的预应变后,具有高弯曲模量的碳纤维便断裂成很多小段。在预拉伸应变为 40% 的多次拉伸—回复循环测试中及扭转外力、折叠外力以及压缩外力作用下,本研究制备出的碳纳米管纤维/PDMS复合薄膜的电阻变化率仅有 1%,这意味着该复合薄膜在作为可伸展导体时具有优良的结构稳定性和可反复变形特性。

目 录

第1章

绪 论

1.1 概 述

自 1991 年日本电镜专家 Iijima 在真空电弧蒸发的石墨电极中观察到碳纳米管(CNTs)[1]以来,CNTs 就因其独特的结构和优异的性能引起了世界范围内不同研究领域专家们的广泛兴趣。根据碳纳米管中碳原子层数的不同,碳纳米管可分单壁碳纳米管(SWNT)和多壁碳纳米管(MWNT)为两类。SWNT 由单层圆柱形石墨层构成,而 MWNT 由多层圆柱形石墨层构成,层间距近似等于石墨层间距(0.34 nm)[2]。理论预测和实验测量结果都表明,碳纳米管以碳原子六角网面为单元构成的准一维结构特点,使其杨氏模量高达 1.0 TPa,拉伸强度超过50 GPa[3],远远超过通常的纤维材料。此外,碳纳米管优异的电学特性、极高的热导率、良好的热稳定性和化学稳定性及高比表面积和低密度等都使其具有多方面的应用潜力。

碳纳米管优异的力学性能以及物理性能已经促使研究者致力于将其组装成宏观结构,如纤维、阵列、薄膜等。与单根碳纳米管相比,这些宏观结构在实验操作与处理上更为方便。此外,在这些宏观结构中,绝大部分碳纳米管均以平行直线排列。近年来,研究学者正致力于探索这些碳纳米管宏观结构的力学性能及物理性能。分析表明,与传统商业化碳纤维和聚合物纤维相比,由轴向对齐、紧密排列的碳纳米管构成的碳纳米管纤维具有更高的比强度和比模量[4,5];此外,它们还具有极高的韧性和较大的断裂吸收能量,以及令人满意的电性能和热性能。这些优异的性能使碳纳米管纤维正在成为一个非常具有活力的研究方向,有望使其在增强高性能复合材料、机械和生物传感器、传输线和微电极等方面发挥潜在应用。

1.2　碳纳米管纤维的制备

制备高性能碳纳米管纤维的一个关键问题是使得碳纳米管沿纤维轴向高度排列。当前已经发展的碳纳米管纤维的制备方法主要有四种[6],分别是:碳纳米管溶液纺丝法[7-9]、碳管阵列抽丝法[10-12]、碳纳米管气凝胶纺丝法[13-15]和碳纳米管薄膜加捻/卷绕法[16,17]。通常将第一种方法称为湿法纺丝,而其他三种方法称为干法纺丝。纯碳纳米管纤维以及聚合物渗透形成的复合纤维都可以采用以上四种方法制得。碳纳米管纤维的其他制备方法还包括棉纺法[18,19]和双向电泳纺丝法[20]。

1.2.1　碳纳米管溶液纺丝法

凝聚纺丝技术被广泛采用以制备传统的聚合物纤维,如芳纶纤维(Kevlar)、丙烯酸纤维和聚丙烯腈纤维(PAN)等。在这种纺丝过程中,首先将聚合物溶液注入另一种液体浴中。在该液体中,溶剂是可溶的,而聚合物是不溶的[21]。在过去十年里,研究学者开发出了很多不同的凝聚纺丝法以制备纯碳纳米管纤维[9,21-25]和碳纳米管复合纤维[7,8,26]。

2000 年,法国 Vigolo 等[7]首次发现采用凝聚纺丝法可以将碳纳米管组装成很长的碳纳米管带状物和纤维。图 1-1 是制备碳纳米管丝带的实验装置示意图。在这种方法中,首先将 0.35％的单壁碳纳米管均匀分散在 1.0％的十二烷基硫酸钠(SDS)中。SDS 能够被吸附到碳纳米管束表面上,并且能够排斥碳纳米管之间的范德华力,从而保持碳管在溶液中的分散稳定。然后用针管将碳纳米管混合物以一定的注射速度注入同向流动的 5 wt％聚乙烯醇(PVA)溶液中。PVA 可以吸附到碳纳米管表面并取代部分 SDS 小分子,从而促使碳纳米管丝带的形成。

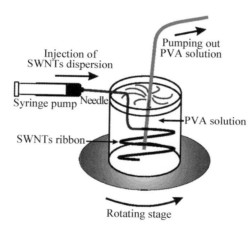

图 1-1 采用凝聚纺丝法制备碳纳米管丝带的实验装置示意图[7]

图 1-2(a)所示是一张所制得的碳纳米管丝带的光学显微图像。该图像证实了液体的定向流动促使碳纳米管在丝带中择优取向。将此丝带洗涤、干燥处理后,大部分表面活性剂以及聚合物被去除,丝带在毛细作用下发生折叠从而形成纤维(图 1-2(b))。利用 X 射线衍射对碳纳米管纤维的组成成分进行研究,结果表明,纤维中含有单壁碳纳米管束、PVA 分子链、石墨体以及催化剂粒子。其中,单壁碳纳米管束、石墨体和催化剂粒子来自原始碳纳米管的合成过程,而 PVA 分子链则来自

在纤维制备过程中所吸附到碳纳米管表面的那些分子[27]。该方法制得的碳纳米管纤维的直径从几微米到100微米不等,这取决于在制备过程中采用的条件参数,如针管针尖的直径、注射溶液以及同向流动的聚合物溶液的流动速度等。与传统碳纤维不同,碳纳米管纤维在极端恶劣的弯曲条件下也不会发生断裂(图1-2(c))。这些纤维的拉伸强度约为300 MPa,杨氏弹性模量约为40 GPa。这些值均高于高质量碳纳米管巴克纸(bucky paper)的相应值。纤维在室温下的导电率为10 S·cm^{-1},并且当温度降低时观察到了与非金属行为类似的电响应。此后,Vigolo等[28,29]还发现采用后处理方法,如热拉伸等可以提高碳纳米管在纤维中的取向程度,从而可以提高纤维的力学性能。

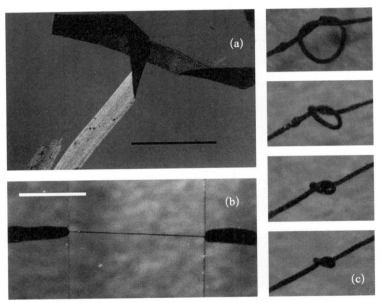

图1-2 采用凝聚纺丝法制备的碳纳米管丝带及其纤维的光学显微图像

(a)一根折叠的碳纳米管丝带(标尺=1.5 mm);(b)将丝带折叠并脱水干燥后得到的一根碳纳米管纤维(标尺=1 mm);(c)纤维在打结试验中展示出了极高的韧性及抗扭转能力,图中所示纤维的扭转半径为15 mm[7]

尽管 Vigolo 等[7]采用的碳纳米管纤维的制备方法具有很多优点，但是这种方法也存在一些不足。例如，Dalton 等[30]认为，这些所纺纤维的纺丝速度过低（约 1 cm·min⁻¹），制得纤维的长度较短（约 10 cm）。此外，该凝胶纤维的力学性能太低以至于不能方便操作，除非在纺丝过程中降低纺丝成型的速度，并且旋转液体浴法不适于用来制备较长的、相互之间无缠绕的凝胶纤维。因此在 2003 年，Dalton 等[8,30]通过对 Vigolo 等[7]试验方法的改进，纺出了一卷碳纳米管凝胶纤维，并通过一个连续的过程以超过 70 cm·min⁻¹ 的纺丝速度将其转化为长为 100 m 的固态碳纳米管复合纤维。主要的改进措施包括采用十二烷基苯磺酸锂（LDS）作为表面活性剂以及将碳纳米管混合液注入 PVA 凝聚液流动形成的圆柱形管道中央[8,30,31]。这样制得的纤维直径为 50 μm，其中 SWNTs 和 PVA 的质量分数分别为 60% 和 40%。这些纤维展示出了很高的力学性能，如拉伸强度高达 1.8 GPa，杨氏模量高达 80 GPa，断裂吸收能量高达 570 J·g⁻¹，远远超过蜘蛛丝（165 J·g⁻¹）和 Kevlar 纤维（33 J·g⁻¹）的断裂吸收能量[8]，展示了碳纳米管纤维在高韧性纤维领域，如防弹衣等方面的巨大应用潜力。

在碳纳米管纤维中的 PVA 分子链可以提高碳纳米管之间力的传递效率，从而提高纤维的力学性能。但是，由于 PVA 是一种不导电的聚合物，如果纤维中有大量 PVA 存在，将会使得纤维的电导率和热导率远低于纯碳纳米管薄膜的相应值[22]。因此，要想得到真正意义上的碳纳米管纤维，发挥碳纳米管自身的良好物性（如电学、热学特性）还必须除去这些杂质，增加后处理工序。Ericson 等[9]提出了一种制备不含聚合物的纯碳纳米管纤维的方法。他们首先将碳纳米管分散在 102% 的发烟浓硫酸中，碳纳米管带电后被酸根负离子包围，并呈定向排列。将这种溶致液晶溶液旋转倒入一种凝固浴中（如乙二醚、5% 的硫酸或者水），得到了直径为 50 μm、连续长度可达 30 m 以上的纯碳纳米管纤维。该纤维的杨氏模量高达 120 GPa，但由于纤维受到表面缺陷和空洞的限制，其强度较低，仅为 116 MPa。然后，由于制得的纤维不含其他聚合物，因此，纤维的电导率和热导率非常高。具体来说，纤维的电导率为 500 S·cm^{-1}，这一数值比含有聚合物的单壁碳纳米管纤维的相应值要高出两个数量级；由乙二醚凝固形成的纤维的热导率高达 21 W·m^{-1}·K^{-1}。

Kozlov 等[22]认为，在以上的制备方法中，由于碳纳米管与硫酸相接触的时间较长，如同在工业界使用的高浓度酸液处理，使得发烟浓硫酸对碳纳米管产生了质子化作用，因此需要采用特殊的保护设备。为了避免这种情况的发生，研究人员又开发出了很多不使用硫酸的其他湿法纺丝法[21,22,24]。例如，将稀释后的 SWNT/LDS 纺丝液注入含有氢氯酸的絮状旋转凝固液中，由于在纺丝液与凝固液中的酸相接触处，纺丝液中的 pH 值发生变化，导致 SWNTs 从其分散体系中瞬间凝聚析出，从而得到了迅速凝固的碳纳米管纤维[22]。将得到的纤维经过水洗处理以去除盐酸分子并在拉伸状态下干燥，然后再在 1 000℃下在氩气中退火处理以去除可能存在的其他杂质后，便得到了纯碳纳米管纤维。尽管制得的纤维的力学性能比较差，但是它们的电导率可以达到 140 S·cm^{-1}，这一数值要高于 SWNT 复合纤维的相应值。

Zhang 等[21]开发出了另一种不使用硫酸来制备纯 MWNT 纤维的方法。首先将碳纳米管分散在乙二醇中得到液晶分散液，然后将该分散液注入乙二醚凝固浴中。乙二醇一旦与凝固液接触便会使碳纳米管迅速扩散到乙二醚中。将经乙二醚溶胀的纤维在 280℃下加热以去除残留的乙二醇。研究发现，由于受到剪切外力与液晶相的双重作用，碳纳米管在所制得的纤维中呈定向排列。虽然该纤维的杨氏模量和拉伸强度分别只有 69 GPa 和 0.15 GPa（均低于 CNT/PVA 复合纤维的相应值），但是它们的电导率可以达到 80 S·cm^{-1}。

1.2.2　碳纳米管阵列抽丝法

与从绢蚕丝中抽出线团的方法类似,碳纳米管纤维也可以由阵列纺丝法制得。2002 年清华大学的范守善小组[10]率先从高度为 100 μm 的碳纳米管阵列中抽出了一根长为 30 cm 的碳纳米管纤维丝。其后,多个研究小组在针对这种纺丝方法的优化方面展开了广泛的研究,以期提高所纺纤维的综合性能。研究发现,并不是所有的碳纳米管阵列都可以用来纺成纤维,并且碳纳米管的可纺程度与碳纳米管阵列的结构密切相关[32,33]。至今为止,世界上已经有多个研究小组采用这种方法制备出了连续碳纳米管纤维。

1) 牵引—加捻过程

在清华大学 Jiang 等[10]制备的碳纳米管纤维中,碳纳米管排列较为松散,这极大地降低了它们之间荷载的传递效率,从而使得纤维的力学性能非常有限。为了提高纤维的密实化程度,Zhang 等[11]提出了一种改进后的纺丝方法,即在从碳纳米管阵列抽丝的过程中引入加捻处理。他们首先采用化学气相沉积法(CVD)在涂覆了铁离子催化剂的基体上制备出高度约为 300 μm 的碳纳米管阵列。图 1 - 3 显示了在抽丝—加捻过程中所形成的纤维结构的 SEM 图像,其中可以清楚地看到碳纳米管阵列、楔状碳纳米管丝带以及加捻后的碳纳米管纤维。所得纤维的直径可以小到只有 1 μm,拉伸强度介于 150～350 MPa 之间,室温下的导电率为300 S·cm^{-1} 且与温度成反比。采用 PVA 对纤维进行渗透处理可以使纤维的拉伸强度提高至 850 MPa,但同时,纤维的导电率会降低 30%。

研究人员在改进碳纳米管纤维的纺丝过程以提高纤维的生产效率和提高其性能方面开展了大量的工作。例如,新近研制出的自动同步抽丝及加捻装置可用来连续制备碳纳米管纤维[4,34,35]。另一个方

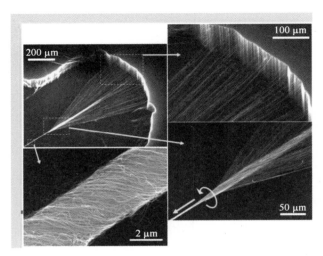

图 1-3　在抽丝-加捻过程中所形成的纤维结构的 SEM 图像[11]

面的改进是在纺丝过程中引入绞盘式影响杆系统(CERS)[36,37]。当纤维经过该杆式系统时,不断增加的拉伸外力将会拉长楔状丝带以及所纺纤维中的碳纳米管并使其呈定向排列,从而提高纤维的力学性能。从较高的碳纳米管阵列中抽丝也能有效地提高所纺纤维的性能。例如,从高度为1 mm的碳纳米管阵列中纺出的纤维的拉伸强度可以高达 3.3 GPa[4]。

2) 纤维的密实化处理

通过表面张力驱动的纤维密实化是提高纤维密度的一条有效途径[4,35,38]。例如,Liu 等[35]开发了一种简单连续的纺丝方法:首先,对从超顺碳纳米管阵列抽丝得到的纤维加捻,然后将纤维通过一种挥发性溶剂进行密实化处理,这样制得的纤维中碳纳米管呈紧密排列且纤维强度可高达 1 GPa。

3) 聚合物对纤维的渗透处理

除了加捻和液体润湿,在纤维中渗滤聚合物也是一种提高纤维力学性能的有效手段。在纤维中引入聚合物链有助于碳纳米管之间的荷载传递。迄今为止,已有多种聚合物被用来对碳纳米管阵列抽丝得到的纤维进行渗滤。

　　PVA 是一种粘附性能较好的柔性聚合物。Liu 等[39]报道了一种简单经济的制备高性能超顺碳纳米管(SACNT)/PVA 复合纤维的方法。图 1-4 展示了该方法所用装置的示意图。首先对由碳纳米管阵列抽丝得到的纯碳纳米管纤维加捻,然后将纤维通过 PVA/DMSO(二甲亚砜)溶液,使 PVA 分子链渗滤到纤维中碳纳米管之间的空隙中。对纤维进行加热处理使 DMSO 溶剂挥发,便得到了 SACNT/PVA 复合纤维。该纤维的拉伸强度和杨氏模量分别高达 2 GPa 和 120 GPa,这些值均高于之前所报道的纯碳纳米管纤维和 CNT/PVA 复合纤维的相应值。与高强脆性的碳纤维相比,该纤维具有极佳的韧性,其电导率可高达 920 S·cm^{-1},这一数值要高于某些强度较大的聚合物纤维的相应值,如芳族聚酰胺和聚对苯撑苯并双噁唑纤维(PBO)纤维。最近,Ryu 等[40]受到海洋贻贝粘附成型机理的启发,提出了另外一种制备 CNT/聚乙烯亚胺(PEI)复合纤维的后纺丝方法。使 PEI 聚合物渗滤纤维,再进行热固化和金属氧化处理,这样制得的碳纳米管复合纤维的拉伸强度

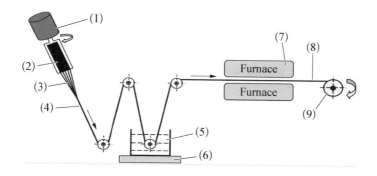

图 1-4　Liu 等[39]采用的碳纳米管/聚合物复合纤维制备过程的示意图
(1)—用于加捻的高速旋转电机;(2)—SACNT 阵列;(3)—SACNT 薄膜;
(4)—加捻后的纤维;(5)—盛有 PVA/DMSO 溶液的器皿;(6)—加热台;
(7)—管式熔炉;(8)—SACNT/PVA 复合纤维;(9)—用于纤维采集的旋转电机

高达 2 GPa,比纯碳纳米管纤维的相应值高出 470%。

除了将碳纳米管纤维浸润到聚合物溶液中,Tran 等[41]对树脂浸润法进行了进一步的改进,得到了碳纳米管束呈定向排列的复合纤维。从图 1-5 中可以看到,制备过程主要包括以下几个步骤:(a) 对碳纳米管阵列抽丝制得薄膜,调整纤维定向;(b) 将聚氨酯树脂(PU)喷涂到碳纳米管薄膜上;(c) 挤压碳纳米管层之间的树脂以及(d) 固化复合纤维。在碳纳米管薄膜通过绞盘式影响杆系统之前喷涂树脂是为了确保聚合物在薄膜上及纤维横截面上分布均匀。采用扫面电镜和傅里叶变换红外光谱观察经树脂渗滤的纤维结构,发现树脂在纤维中的渗透非常均匀。所得复合纤维(PU 的质量分数为 20%)的拉伸强度为 2 GPa,高于纯碳纳米管纤维的相应值。

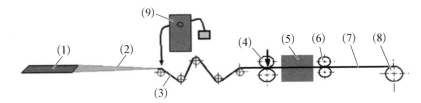

图 1-5　Tran 等[41]提出的另一种制备 CNT/polymer 复合纤维制备过程的示意图

(1) 晶片;(2) 碳纳米管薄膜;(3) 碳纳米管条状膜;(4) 挤压辊;
(5) 熔炉;(6) 导杆;(7) 碳纳米管纤维;(8) 绕线筒;(9) 聚合物溶液喷头

4) 碳纳米管阵列抽丝机理

尽管在采用碳纳米管阵列抽丝法来制备纤维方面已经取得了很多突破性的进展,但当前对连续抽丝过程的基本机理仍然不明朗且存在着争议。充分认识抽丝机理对于制备可供连续抽丝的阵列及提高碳纳米管纤维的性能至关重要。近年来,已经有很多研究小组对这一课题展开了广泛的研究,并提出了多种针对抽丝机理的模型[42,43]。

Kuznetsov 等[42]针对从碳纳米管阵列抽丝制得薄膜和纤维的过程

提出了一种结构模型。该模型的关键要素是在阵列中由一根根碳纳米管形成的网络结构及由较小直径的碳纳米管束相互连接形成的较大直径的碳纳米管束。在抽丝过程中,首先是大直径管束之间的连接端点被剥离,并聚集在阵列顶部或底部,从而为下一批大直径管束的抽丝提供了驱动力。Kuznetsov 等[42]由此得出结论:只有当管束之间的连接端点密度处于合适的值域范围内,碳纳米管才能被连续地从阵列顶部或者底部抽出成纤。

最近,Zhu 等[43]在电子显微镜下对超顺碳纳米管阵列抽丝成纤的过程进行实时观察后认为,在牵引过程中形成的碳纳米管束底端的缠绕结构对于连续抽丝过程至关重要。受自我缠绕效应的影响,这些缠绕结构通常在抽丝过程接近碳纳米管阵列底端或顶端时才会形成。

1.2.3　碳纳米管气凝胶纺丝法

上述提到的制备方法只有在将碳纳米管溶液和阵列纺丝后通过后处理手段才能将碳纳米管组装成连续纤维。此外,碳纳米管纤维还可以由 CVD 垂直生长炉中生成的碳纳米管气溶胶直接纺丝制得。Zhu 等[13]首先报道了在垂直生长炉中用浮动催化剂 CVD 法直接制备出了由定向 SWNTs 组成的长丝,如图 1-6(a)所示[44]。采用 H_2 作为催化剂载气,将反应炉加热至正己烷开始裂解的温度后,然后引入给定组成的二茂铁和噻吩的正己烷溶液,制得了长为 20 cm、直径为 0.3 mm 的 SWNT 长丝(图 1-6(b)),其电导率为 1.5×10^3 S·cm^{-1}。从长丝中剥落下来的 SWNT 束的直径介于 5~20 μm 之间,其拉伸强度和杨氏模量分别为 1.0 GPa 和 100 GPa。

天津大学李亚利教授[14]开创了一种在 CVD 中直接将碳纳米管气凝胶纺成薄膜和纤维的方法。图 1-6(c)是此种方法实验装置的示意图。

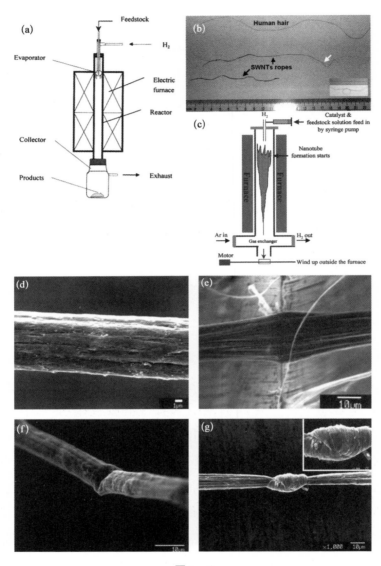

图 1-6

（a）采用浮动催化剂法制备碳纳米管长丝的实验装置示意图[44]；（b）一根头发丝与两根 SWNT 长丝（黑色箭头所指）的光学图像[13]。SWNT 长丝的直径介于 0.3～0.5 mm 之间。右下角插图为一根直长丝与一根打结后的长丝的光学图像，该图表明了碳纳米管长丝具有极佳的柔韧性；（c）碳纳米管气凝胶直接纺丝法的实验装置示意图[15]；（d）纤维经过丙酮润湿处理后；（e）一根碳纳米管纤维被紧压在刀片的刀刃处；（f）纤维受弯发生折皱及在折皱处纤维横截面变化；（g）纤维被反手打结后的 SEM 图像。[45]

将 H_2 与前体材料的混合气体注入 CVD 反应炉的高温区,便形成了碳纳米管气溶胶。前体材料为一种典型的含碳液体源(例如乙醇),二茂铁加入后形成铁纳米粒子,作为碳纳米管生长的核源,再加入噻吩作为促进剂,这样就可以在低温区将形成的碳纳米管气溶胶直接卷制成纤维或薄膜。图 1-6(d)所示是制得的纤维经过丙酮润湿处理后的 SEM图像[45]。

由气相 CVD 直接合成的碳纳米管纤维同时具有很高的拉伸强度和杨氏模量,且两者呈正比例关系。已报道的采用该种方法制备的纤维的强度和模量的最大值可以分别高达 8.8 GPa 和 357 GPa,堪比目前市售的高强度纤维,而前者还同时具有极高的断裂吸收能量[5]。

用这种方法制备的纤维的力学性能与它们的微观结构密切相关,而微观结构又可以通过调整制备过程的各种参数来加以控制,如碳源、铁离子浓度、卷绕速率等。Motta 等[46]研究了碳源和铁离子浓度对连续成纤的碳纳米管纤维力学性能的影响。研究发现,碳源对纤维性能并没有产生决定性的影响,而铁离子含量对纤维的结构和性能却起着重大作用。具体来说,铁离子含量越低,长成的薄壁碳纳米管的含量就越高,纤维的强度和模量也就越高。研究人员对卷绕速率对纤维力学性能的影响也进行了研究[5,15]。研究发现,卷绕速率越高(最高 $20 \text{ m} \cdot \text{min}^{-1}$),碳纳米管取向水平和纤维密度就越高,从而使得纤维的强度和模量也越高。

在气相 CVD 直接合成的碳纳米管纤维中,碳纳米管之间较弱的剪切强度赋予了纤维与纱线相同的特性,Vilatela 与 Windle 对这些特性(如纤维在打结后及弯曲时的性能)展开了研究[45],并对它们与纤维结构之间的关系进行了探讨。当碳纳米管纤维被刀片裁剪时,在刀刃处发生横向拉伸(图 1-6(e))。与传统的碳纤维不同,图 1-6(f)显示了碳纳米管纤维可以弯曲至很小的曲率半径而不发生明显的永久性破坏。对打结前后的纤维(图 1-6(g))进行拉伸测试,结果表明,纤维在打结处的承载效率高达 100%，表明打结对纤维的强度没有造成任何影响，并且大部分纤维发生拉伸断裂的部位都远离打结处。

1.2.4 碳纳米管薄膜加捻/卷绕法

碳纳米管纤维也可以采用碳纳米管薄膜加捻或卷绕法来制备。Ma 等[16]首先展示了通过对 SWNT 薄膜加捻来制备 SWNT 纤维的可能性。首先采用浮动催化剂 CVD 法[47]制备出具有网状结构的 SWNT 薄膜(图 1-7(a))，然后在该薄膜上切出一条 CNT 条状物，对其加捻后便形成纤维(图 1-7(b))。该纤维的长度和直径主要由 CNT 薄膜条状物的宽度和长度来决定。一般来说，所得纤维的直径介于 $30\sim35~\mu m$ 之间，长度介于 $4\sim8~cm$ 之间。拉伸测试结果表明该纤维的杨氏模量为 $9\sim15~GPa$，拉伸强度为 $500\sim850~MPa$。在高分辨显微拉曼光谱仪下对其观察发现，碳纳米管本身的弯曲以及碳纳米管束之间的滑移是影响 SWNT 纤维力学性能的主导因素。

为了提高纤维中碳纳米管的承载能力，可将包裹环氧树脂与聚乙烯醇在内的聚合物渗滤到 SWNT 薄膜中以制备复合纤维[48]。拉伸测试的结果表明，复合纤维的杨氏模量与拉伸强度均可得到较大提高。此外，由 PVA 渗滤得到的复合纤维的韧性(应力-应变曲线下的面积)可高达 $50~J\cdot g^{-1}$，这比已大规模商业化使用的高强度纤维，如 Kevlar $(33~J\cdot g^{-1})$ 和石墨纤维$(12~J\cdot g^{-1})$要优越很多。但是，由于受到 CNT 薄膜尺寸大小的限制，加捻成纤法可能不适用于大规模连续碳纳米管纤维的制备。Feng 等[17]报道了另一种将 CNT 薄膜制成纤维的方法。首先以在流动氩气中的丙酮作为碳源，采用一步催化 CVD 气相流动反应制备出高质量 DWNT 薄膜。该 DWNT 薄膜可以自我支撑，且绝大部分都由高质量取向的 DWNT 束构成。将该薄膜卷绕成纤，便得到了图 1-7(c)中所示的多层膜结构。

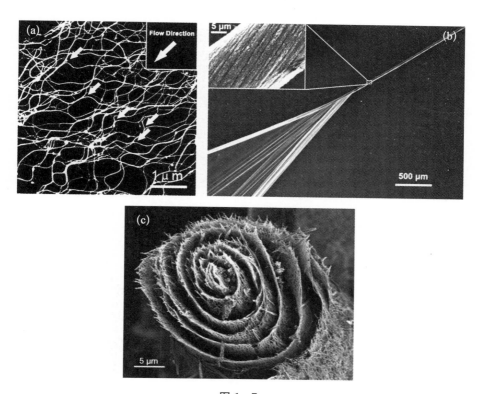

图 1-7

（a）单层 SWNT 网状结构的 SEM 图。图中白色箭头所指的是 Y 型联结点及流动
方向[47]；（b）将宽为 2 mm、厚度为 200 nm 的碳纳米管薄膜加捻成纤的 SEM
图[16]；（c）对 DWNT 薄膜卷绕制备出的纤维的 SEM 图[17]

1.3　碳纳米管纤维的性能研究

1.3.1　拉伸力学性能

Wu 等[118]比较了采用不同方法制备的碳纳米管纤维与单根碳纳
米管及传统碳纤维的力学性能，如图 1-8 所示。从该图中可以看出，碳
纳米管纤维的拉伸强度和杨氏模量仍然要比单根碳纳米管的相应值低

1～2 个数量级。但是,迄今为止,文献中已报道的采用短纤试样测得的碳纳米管纤维拉伸强度与杨氏模量的最高值分别为 8.8 GPa 和 357 GPa[5],可与商用高强纤维相媲美。碳纳米管纤维的力学性能受到位于不同尺寸水平上的众多因素的影响。位于纳米尺度的影响因素包括单根碳纳米管的力学性能及结构参数,如管径、壁厚、管长及管的弯曲等。位于微观尺寸的影响因素包括碳纳米管的排列、缠绕及管间荷载的传递。位于宏观尺寸的影响因素包括加捻角度、纤维直径及将纤维制成纺织件的加工参数。研究发现,绝大部分影响因素对制备单根碳纳米管及纤维纺丝过程相关的参数非常敏感。

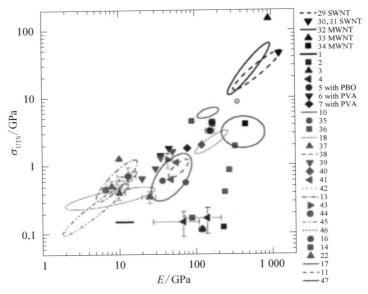

图 1-8 文献中已报道的单根碳纳米管、溶液纺丝法制备的碳纳米管纤维、阵列抽丝法制备的碳纳米管纤维、气凝胶纺丝法制备的碳纳米管纤维以及碳纤维的极限拉伸强度和杨氏弹性模量[118]

1) 实验表征

文献中报道的碳纳米管纤维的拉伸性能差异较大,如拉伸强度介于

0.23～9.0 GPa 之间,杨氏模量介于 70～350 GPa 之间。力学性能的这种差异很可能是由纤维中不同的分层结构及后处理方法造成的。

(1) 碳纳米管结构的影响:碳纳米管越长,纤维拉伸强度就越大。这是由于管长的增加不仅增强了管间的接触面积,同时还提高了碳纳米管包裹纤维圆周在纤维表面及纤维内部之间迁移的可能性,从而导致碳纳米管之间荷载传递效率的提高[4,49,50]。此外,碳纳米管越长,其形成的纤维中的缺陷就越少,碳纳米管端点的密度也越低[4,43]。最近,Jayasinghe 等[51]报道了由高度为 4～6 mm 的碳纳米管阵列抽丝制备纤维,这是目前已报道的最高的可供连续抽丝阵列。但是这些纤维拉伸强度的最高值仅为 0.28 GPa,比从较短的阵列中抽丝制备出的纤维的相应值要低,而这种现象是因为碳纳米管阵列生长机理的差异造成的[33,52,53]。阵列的高度主要受生长时间的控制,在阵列生长的过程中主要有两个阶段[33,53]:在最初的几分钟内,阵列高度随时间呈线性增长,且阵列从上至下的管径没有变化;随着时间的增长,增长速率减慢,位于阵列底端的管壁数迅速增加。由于管壁增厚,阵列增长暂缓以避免位于阵列底端的碳纳米管发生解取向,从而使得纤维性能降低,使得阵列不具有可纺性。因此,阵列的最佳高度值为刚好达到线性增长的末端,而不是任由阵列生长的最大值。

理论分析与原子模拟研究均表明,在径向压力或外力的作用下,管束中的 SWNT 或直径较大的薄壁 MWNTs 易于被压扁,形成类似于堆积石墨的形态。Motta 等[46]通过实验研究发现,在碳纳米管合成过程中,降低进料物的铁离子浓度会提高气溶胶中 SWNTs 和 DWNTs 的含量,从而提高所纺纤维的强度和模量。

Jia 等[53]为了研究碳纳米管的弯曲对纤维性能的影响,分别对从三种不同的碳纳米管阵列中所纺的纤维性能进行了测试,结果发现这些碳纳米管的结构相同但是弯曲程度不同。若纤维中碳纳米管的弯曲程度越大,则纤维的拉伸应力就不会随着应变直线增长。当碳纳米管的取向程度提高时,纤维的模量迅速上升,且断裂应变降低。但是,这些含有不同碳纳米管形态的纤维的拉伸强度却都介于 830~880 MPa 之间。这是因为在外力作用下,弯曲的碳纳米管会先被拉直,这也是为什么含有弯曲碳纳米管的纤维具有较高拉伸应变的原因。如果碳纳米管的弯曲程度足够大,在外力作用下纤维形态会首先发生优化,这时应力不会迅速增大直到应变增大到一定的阈值。因此,碳纳米管的弯曲程度越高,纤维的杨氏模量就越低。

(2)纤维直径的影响:Fang 等[49]比较了含有相同螺旋角(即表面加捻角)但直径不同的纤维的力学性能。这些纤维由高度为 350 μm 的碳纳米管阵列抽丝制得,加捻角始终保持恒定(高低两个程度的加捻角度分别设为 10°和 50°),通过改变抽丝阵列的宽度和在单位纤维长度中引入的转数以制得不同直径的纤维。实验结果显示,纤维的拉伸强度随着直径的减小而增大,且该线性关系的斜率随着加捻角的减小而增大。纤维拉伸性能与直径呈反比例的关系可以归结为由以下两个因素引起的[35,49]:首先,纤维的直径越大,较弱的碳纳米管端部连接就越多,这会对纤维的力学性能产生负面影响;此外,对于直径较大的纤维来说,单位纤维长度引入的加捻角转数越少,导致纤维中的碳纳米管排列较为松散。

但是,Zhao 等[54]在实验中观察到的纤维性能与直径的关系与Fang 等[49]得到的结论完全相反。在该研究制备纤维的过程中不是保持螺旋角恒定,而是保持在单位纤维长度中引入的转数恒定。研究发现,纤维强度与模量均随着直径的增大而增大。这是因为纤维直径越小,径向压力越小,从而使得纤维结构在加捻后排列更为松散。

(3)纤维加捻角的影响:在纤维中碳纳米管之间的荷载传递不仅依赖于碳管之间的接触面积,还与管间空隙密切相关,这就涉及碳纳米管在纤维中的组装密度。没有经过后处理制得的纤维结构非常松散,碳纳米管之间存在非常明显的空隙,加捻角(即单根碳纳米管轴向与纤维轴向之间的夹角)很小。这样一个松散的结构不能赋予纤维优越的力学性能。而增大加捻角是一种提高纤维密度的有效手段,它可以使得碳管之间的接触更为紧密,提高碳管之间的摩擦系数,从而提高纤维的强度。

为了研究加捻角度对纤维强度的影响趋势,Fang 等[49]测试了一系列具有不同加捻角的 MWNTs 纤维试样。这些纤维是采用不同的旋转发动机转速与卷绕发动机转速之比对碳纳米管阵列抽丝加捻制得的。用于抽丝的阵列高度为 $350~\mu m$,纤维的直径保持为 $20~\mu m$。研究表明,纤维强度首先随着加捻角(螺旋角)的增加而增大;当加捻角达到 $20°$时,纤维强度达到最大值约 $340~MPa$,继续增大加捻角将会使纤维强度呈线性降低。这种现象在传统纺织纱线中也会出现。但是,如果从纳米/微观尺度来看,碳纳米管纤维中的单根碳纳米管不同于纺织纱线中的单丝:纺织单丝呈密实圆柱体,而碳纳米管为中空圆柱体。出于以上这种差异,Zhao 等[54]在从薄壁碳纳米管中纺丝制得的纤维中观察到了纤维拉伸强度的双峰行为。纤维的拉伸强度首先随着加捻角的增加而增大,然后当加捻角超过最佳加捻角时纤维强度又会逐渐减小。但是,当加捻角增大到一定程度时,纤维强度又会出现一个峰值。该峰值的出现是由于碳纳米管中空结构发生折叠转化引起的,这会增强碳纳米管束并减少管束的横截面积,这与采用分子动力学模拟的预测结果相符[55]。

(4)液体润湿的影响:所纺碳纳米管纤维的力学性能也可以通过采用液体润湿来提高,这种处理方法包括液体对纤维的浸润以及液体的挥发。纤维在液体表面张力的作用下被密实,直径也随之减小。虽然液体润湿不会提高纤维中碳纳米管的取向程度,但是它会提高碳纳米管之间荷载传递的效率,确保绝大多数碳管处于满负荷承重状态[5]。

Liu 等[35]研究了加捻处理后的纤维在液体润湿前后的力学性能。

当纤维经过丙酮润湿处理后,直径由 11.5 μm 减小至 9.7 μm。经过加捻和液体致密化处理后纤维加捻角控制在 12°~15° 之间。液体浸润之后,纤维的最大应变值保持不变,为 2.3%,但是,杨氏模量却由 48 GPa 略微增大至 56 GPa。此外,Liu 等[35] 还比较了加捻后的纤维被液体浸润前后的直径变化与能承受的最大荷载的变化。当纤维被丙酮润湿后,直径减少量介于 15%~24% 之间,荷载增大量介于 15%~40% 之间,这表明拉伸强度也同时提高。采用三种常用溶剂,如水、乙醇、丙酮来润湿纤维,研究表明,其中丙酮对纤维的致密化作用最为显著。

(5) 聚合物渗滤的影响:在纯纤维中的碳纳米管是靠很弱的范德华力相互作用的,因此,荷载传递效率非常有限。除了加捻和液体润湿,聚合物渗滤也是一种提高纤维力学性能的有效手段,其增强机理主要为管间荷载传递效率的提高及渗滤聚合物的结晶。迄今为止,已有多种聚合物分子,如 PVA、PEI、环氧树脂等被用来制备碳纳米管复合纤维。

Ma 等[48] 通过一系列静动态测试和拉曼光谱,研究了聚乙烯醇和环氧树脂渗滤对纤维的增强机理。经聚合物渗滤后,纤维的力学性能得到很大提高,这归功于碳纳米管网络与聚合物链之间在分子水平上的相互作用。此外,环氧树脂渗滤对纤维的增强效果要好于聚乙烯醇,这可以用碳纳米管纤维中的应变传递因子(定义为纤维中单根碳纳米管的应变与纤维受拉时表现出的宏观应变之比)来解释。拉曼光谱的测试结果表明,纯纤维、聚乙烯醇渗滤得到的复合纤维、环氧树脂渗滤得到的复合纤维的应变传递因子分别为 0.045、0.18 和 0.4,这表明纤维经聚乙烯醇和环氧树脂渗滤后,应变传递效率分别提高了 4 倍和 9 倍。Ma 等[48] 认为应力传递效率的提高很大程度上取决于所加聚合物的分子构型。具体来说,与聚乙烯醇的直链分子不同,环氧树脂中的小分子在固化后可以形成一个完美的 3D 网络结构。在这样的 3D 网络中,SWNTs 的定向及旋转就变得较为困难,从而使得环氧树脂渗滤得到的复合纤维在室温下具有较高的杨氏模量和较低的断裂应变。

2) 理论分析与仿真

除了实验表征,理论分析与仿真也是一种研究碳纳米管纤维性能的强有力的手段,对深入了解影响纤维性能的多种加工与结构参数,如碳纳米管长度、直径、纤维加捻角等大有帮助。迄今为止,研究学者已经对碳纳米管纤维的力学性能及其组装单元碳纳米管的形态开展了很多理论分析与模拟工作。

（1）碳纳米管纤维的力学性能：Beyerlein 等[56]采用微观力学模型和蒙特卡罗模拟法研究了纤维直径、表面加捻角及纤维测试长度对碳纳米管纤维静态拉伸强度的影响。他们提出了以含有 n 根加捻并密集排列的碳纳米管的理想纤维为微观力学模型,并植入 Porwal 等[57]建立的用于统计分析的 3D 蒙特卡罗模型,对具有特征尺寸的纤维中的随机失效过程进行模拟。假设碳纳米管强度符合韦伯分布,在模拟中考虑碳纳米管之间的库仑摩擦力。将计算得到的碳纳米管纤维的强度分布再植入另一个蒙特卡罗模型中,以评估众多因素对由单向排列的碳纳米管纤维增强的复合结构的统计强度的影响。预测结果表明,强度的平均值及统计变化均随着表面加捻角、纤维横截面所包含的碳纳米管数量及纤维测量长度的增大而减少。采用这种理想模型得到的碳纳米管纤维的拉伸强度为 3～7 GPa,高于通常由拉伸实验得到的相应值。

（2）纤维中碳纳米管的缠绕：在纤维模型中不论是螺旋状排列[56]还是直线排列[58]的碳纳米管都是高度理想的构型。实验研究发现,纤维中的碳纳米管并不是按照一定规律呈线性排列,而是趋向于相互缠绕,这种现象在两根连续碳纳米管束的连接区域尤为显著[12,59]。为了对纤维中碳纳米管之间的相互作用有一个更深入地了解,Lu 和 Chou[60]研究了相互缠绕的碳纳米管的力学性能。他们采用两根相互连接并自我折叠的碳纳米管（SFCNTs）作为碳纳米管相互缠绕的模型。

理论分析与原子模拟均发现,当长径比较大时,碳纳米管受到不同位置处的范德华力作用,易于发生自我折叠。此外,他们还采用精确理论模型和近似理论模型对 SFCNTs 的几何特征,如碳纳米管发生自我折叠的临界长度及临界有效宽度等进行了研究。缠绕碳纳米管的结构性能和力学性能对于了解碳纳米管纤维的变形机理大有帮助。在今后为碳纳米管纤维建立一个更为复杂精密的结构模型时,也应将碳纳米管的相互缠绕考虑进去。

1.3.2 物理性能

单根碳纳米管的电导率和热导率可分别高达 10^6 S・cm^{-1} 和 $3\,000$ W・m^{-1}・K^{-1}[52,61-63]。因此,由碳纳米管组装形成的纤维也被期望拥有较高的电导率和热导率。然而,迄今为止已报道的碳纳米管纤维电导率和热导率的最大值分别为 8.3×10^3 S・cm^{-1} 和 80 W・m^{-1}・K^{-1},远远小于单根碳纳米管的相应值。在过去几年中,研究者对碳纳米管纤维的电导率和热导率与纤维结构之间的关系开展了广泛的研究。

1) 电导率

Wu 等[143]比较了采用不同方法制备的碳纳米管纤维与单根碳纳米管及传统碳纤维的电学性能,如图 1-9 所示。从该图中可以看出,采用不同方法制备的碳纳米管纤维的电导率存在较大差异,介于 10^2 S・cm^{-1} 到 10^4 S・cm^{-1} 之间,其导电性能可与碳纤维相媲美。

纯碳纳米管纤维的电导率受控于纤维中碳纳米管的电性能、碳管之间的接触电阻以及测量温度。已有研究表明,纳米粒子涂覆/掺杂是一种提高碳纳米管纤维电导率的有效手段。而在碳纳米管复合纤维中,被绝缘聚合物分隔开的碳纳米管之间的电子隧道效应对纤维的电导率具有显著影响。

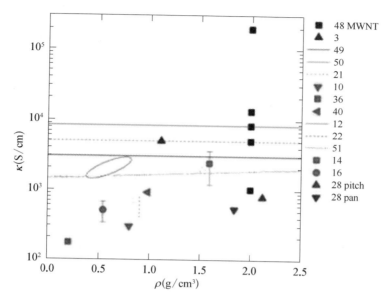

图 1-9　文献中已报道的单根碳纳米管、溶液纺丝法制备的碳纳米
　　　　管纤维、阵列抽丝法制备的碳纳米管纤维、气凝胶纺丝法
　　　　制备的碳纳米管纤维以及碳纤维的电导率和纤维密度的
　　　　关系图[143]

（1）单根碳纳米管电性能的影响：单根碳纳米管的电学性能对碳纳
米管纤维的电性能起着至关重要的作用。众所周知,随着原子结构的不
同,碳纳米管可以是金属性的也可以是半导体性的,而前者的电导率比后
者的相应值要高[64]。因此可以预计,由金属性碳纳米管纺丝制得的纤维
应具有较高的电导率。最近,Sundaram 等[65]报道了从具有金属属性的碳
纳米管中直接纺丝成纤。研究发现,这些纤维的电导率要远远高于那些
由金属性与半导体性碳纳米管掺杂体纺丝制得的纤维的电导率。

（2）接触电阻的影响：迄今为止,文献中报道的碳纳米管纤维的电
导率仍然要比单根碳纳米管的电导率低两个数量级,这表明位于相邻碳
纳米管导电界面处的接触电阻对碳纳米管纤维的导电性能起着至关重
要的作用。纤维中碳纳米管之间的接触电阻与接触面积和管间空隙密

切相关[66,67]。

增加碳纳米管的长度及定向排列程度是两种提高管间导电面积的有效手段,从而可以提高碳纳米管纤维的电导率。例如,Li 等[52]研究发现,从较长的碳纳米管阵列中抽丝所得纤维的电导率也越高。从高度为 0.3 mm 的碳纳米管阵列中制得纤维的电导率为 465.3 S·cm^{-1},比从高度为 1.0 mm 的碳纳米管阵列中制得纤维的电导率要低 22%。这很可能是由于纤维中所含碳纳米管的长度越长,管间连接端点就越少,相邻管间的接触面积也越大。Badaire 等[68]研究发现,在拉伸外力作用下,纤维中碳纳米管的排列会更为整齐,纤维的电阻也会随之降低。

另一种降低碳纳米管之间接触电阻的方法是通过制备高度密实排列的碳纳米管以减少管间空隙[66,67]。Miao 等[67]研究发现,增大表面加捻角会提高纤维密度,减少纤维孔隙率。碳纳米管纤维的导电性会随着纤维孔隙率的增大而降低。但是,碳纳米管纤维的比电导率(定义为纤维电导率与本体密度的比值)却与纤维的孔隙率无关。

(3) 温度的影响:研究人员对纯碳纳米管纤维与碳纳米管复合纤维的热电性能也展开了研究[52,68,69]。研究发现,纤维的电导率随着温度的升高而增大,这意味着碳纳米管纤维具有类似半导体的行为。例如,Li 等[52]发现,当温度从 75.4 K 升高到 300 K 时,纤维的电导率从 4.6×10^2 S·cm^{-1} 增大到 5.9×10^2 S·cm^{-1}。

(4) 纳米粒子涂覆/掺杂的影响:碳纳米管纤维的电性能可通过纳米粒子的涂覆/掺杂得到进一步提高。例如,Randeniya 等[70]通过自我驱动的电沉积法将金属纳米粒子掺杂到碳纳米管纤维表面,具体研究了金属粒子(Cu、Au、Pb 和 Pt)掺杂的碳纳米管复合纤维与纯碳纳米管纤维的电性能。研究结果表明,由 Cu 或 Au 涂覆的碳纳米管纤维在室温下的电导率为 $2 \times 10^5 \sim 3 \times 10^5$ S·cm^{-1},比原始碳纳米管纤维的电导率要高出 600 倍。而由 Pb 或 Pt 掺杂的碳纳米管纤维的电导率分别为 2×10^4 S·cm^{-1}

和 5×10^3 S·cm^{-1}。此外,由 Cu 或 Au 涂覆的碳纳米管纤维还表现出与金属类似的依赖于温度的电阻变化。

最近,Zhao 等[71]报道了采用碘掺杂的 DWNTs 纤维,其中碘原子不是被涂覆于纤维表面,而是在碳纳米管纤维中均匀分散。结果显示,碘掺杂的 DWNTs 纤维的电导率可高达 6.7×10^8 S·cm^{-1},这是碳纳米管纤维导电性能的一个新纪录。此外,由于纤维的密度较低,所得纤维的比电导率要远远高于 Cu 和 Al 的相应值,略低于金属中比电导率最高的 Na 的相应值。

2)热导率

尽管研究者对碳纳米管纤维的力学性能及电性能展开了广泛的研究,但是对纤维热性能的报道却比较少见。Ericson 等的研究结果表明,酸法纺丝制备的碳纳米管纤维的热导率为 20 W·m^{-1}·K^{-1}[9],而经过退火处理后的 CNT/PVA 复合纤维的热导率为 10 W·m^{-1}·K^{-1}[68]。同时,采用干法纺丝制备的碳纳米管纤维具有较高的热导率,为 26 W·m^{-1}·K^{-1}[72]。近来,Jajubinek 等[66]报道了干法纺丝制备的直径为 10 μm 的碳纳米管纤维的热导率为 (60 ± 20) W·m^{-1}·K^{-1},这是迄今为止文献中所报道的碳纳米管纤维热导率的最高值。

1.4 碳纳米管纤维的潜在应用

近年来,碳纳米管纤维的研究无论在制备还是在力学、电学、热学性能等方面都取得了不少实质性的进展,这激励了研究学者对其科学与工程应用方面开展了广泛的研究。迄今为止,碳纳米管纤维在很多领域,如多功能复合材料、应变/损伤传感器、传输线和电化学装置等方面显示出极大的应用前景。

1.4.1　高强/高韧纤维

碳纳米管由于其优异的力学性能和物理性能、低密度及高的长径比等特点而被视为建造太空电梯系绳及制备轻质高强的多功能复合材料的潜在增强材料。研究已表明,将少量碳纳米管分散在基体材料中就可以极大地提高复合材料的力学性能及物理性能[2,73]。在最近的一篇综述中,Chou 等[6]认为,尽管在过去二十年中研究学者在采用碳纳米管增强复合材料用于结构和功能应用方面已经取得了巨大进展,但是,这一领域仍然存在一些技术瓶颈。例如,碳纳米管由于其具有较高的表面能量而易于团聚,使其在基体材料中难以分散均匀,造成其作为增强材料的长径比大为减少。此外,碳纳米管纳米级的直径及微米级的长度使得控制其在基体材料中的取向及分散变得更为困难。在复合材料中,理想的增强材料应该具有优越的力学及电学性能、极高的位于界面处的荷载传递效率、极高的长径比以及在基体材料中的有效分散。

正如在之前综述中所提到的,文献中已报道的碳纳米管纤维最高的比强度和比模量已经超越了传统高性能纤维的相应值。此外,与传统纤维相比,碳纳米管纤维具有更好的韧性及更高的断裂伸长率。基于以上这些特性,我们可以预计,碳纳米管纤维将会成为下一代高性能复合材料的增强材料。Mora 等[74]已经制备出了纤维体积含量高达 25％以上的碳纳米管纤维/环氧树脂复合材料。实验结果表明,碳纳米管纤维复合材料的力学性能可与传统复合材料的性能相媲美。碳纳米管纤维复合材料的极限拉伸强度可以达到复合材料混合律预测值的 90％。此外,碳纳米管纤维复合材料极高的抗压强度也使其在承载应用领域具有广阔前景。最后,碳纳米管纤维的高韧性也会促使其在众多领域,如卫星系统的防陨石、防弹盾牌、防弹背心、飞机货舱防爆毯及安全带等方面发挥巨大作用[30]。

1.4.2 应变/损伤传感器

碳纳米管纤维也可以被用来作为重复性及稳定性极佳的压敏电阻传感器。Zhao 等[75]测试了作为弹性应变函数的碳纳米管纤维的电阻变化。实验结果表明，纤维的电阻-应变行为在应变变化范围为 $0\sim3.3\%$ 之间具有很好的重复性。此外，纤维的电阻在温度分别为 $-196℃$、$25℃$ 和 $110℃$ 下持续 100 min 内均保持恒定。

碳纳米管纤维因其具有重复性极佳的恒定电阻-应变行为以及低密度等特点，在材料制备过程中可以被永久性地植入到复合材料元件中，而不会对整个复合材料造成较大损伤和质量损失。被包埋的纤维传感器可以被用来实时监测复合材料的变形。例如，当在复合材料试样的横向或纵向加载时，被包埋的碳纳米管纤维的电阻与应变呈线性关系。被包埋的纤维传感器还可以被用来监测复合材料结构中裂纹的增长。当裂纹在复合材料中迅速增长时，碳纳米管纤维发生断裂，使得复合材料的总电阻急剧增加。

1.4.3 传输线

由于金属性碳纳米管具有优越的电导率，因此碳纳米管纤维有望成为下一代动力传输线。在碳纳米管中，电子会沿着管道运动，而不会像在其他导电材料，如，Cu 和 Al 中发生散射。由于电子散射会提高金属的电阻，从而使得动力传输线出现局部受热、膨胀和下垂等现象，而电线下垂又是击倒树木并导致断电的主要成因[76]。

已制备出的碳纳米管纤维不仅含有金属性碳纳米管，还含有半导体性碳纳米管，而后者会极大地限制碳纳米管纤维的电导率。近年来，研究学者在降低碳纳米管纤维的电阻，提高其作为电力传输线及低维连接线的应用方面开展了广泛的研究。其中一个降低纤维电阻的方法是对纤维进行纳米粒子掺杂处理。Zhao 等[71]制备出了碘掺杂的 DWNTs 纤维,并使其电阻降低为 10^{-7} Ω·m。由于纤维的密度较低,因此,其比电导率要远远高于 Cu 和 Al 的相应值,略低于金属中比电导率最高的 Na 的相应值。基于碳纳米管纤维的电缆已展示出极高的载电流容量 ($10^4 \sim 10^5$ A·cm^{-2}),且能相互连接成任意的长度和直径,不会对其整体的电学性能造成影响。Zhao 等[71]将这种碳纳米管纤维电缆代替部分金属丝,用在一个自制的灯泡回路中。实验结果显示,该纤维电缆电导率随温度的变化比铜线的相应值要少 5 倍。

另一种降低碳纳米管纤维电阻的方法是制备出只含金属性碳纳米管的纤维。Sundaram 等[65]在直接从 CVD 反应炉中纺出碳纳米管纤维的过程中发现,在反应炉中对硫前体的临界控制可以使所得纤维中的碳纳米管含有相同的金属性及手性角。由金属性碳纳米管纺出的纤维具有极佳的电性能,这极大地提高了碳纳米管纤维在电力传输线领域的应用潜力。

1.4.4 电化学装置

由于碳纳米管纤维具有极高的比表面积、优良的力学性能及电性能,因此其在很多电化学装置领域,如微电极、超级电容器和电磁铁螺线管等方面具有广阔的应用前景。

(1)生物传感的微电极:碳纳米管纤维在纳米尺度的表面形貌以及多孔性特点能促进很多药剂(如酶)位于分子尺度的相互作用,并能协同有效的捕捉和促进电子转移反应,这些优异特性使得碳纳米管纤维有望成为用于生物传感的理想微电极材料。Wang 等[77]首次采用湿法纺丝制得的碳纳米管/聚乙烯醇复合纤维作为微电极,并展示了其在检测生物分子,如还原型烟酰胺腺嘌呤二核苷酸(NADH)、过氧化氢、多巴胺等方面的可行性。与碳纤维相比,碳纳米管纤维具有更高的电催化活性,碳纳米管纤维微电极能加速生物大分子的氧化还原过程,对低电压检测也具有极高的灵敏性。由于 NADH 在氧化过程中表面易被污染,而碳纳米管纤维具有较好的抗表面污染能力,因此能保证 NADH 测量的高度稳定性。此外,由碳纤维制成的微电极其活性损失得非常迅速,而采用碳纳米管纤维制成的微电极在整个操作过程中的信号强度始终保持高度稳定。Viry 等[78]还研究了介质在表面上的固定及碳纳米管纤维预处理对微电极传感性能的影响。

(2)超级电容器:众所周知,电化学装置的电容大小依赖于电极上的电荷层与电解液中的反电荷层之间的距离以及接触面积[62]。在由碳纳米管纤维制成的电极中,电荷层之间的距离较短,碳纳米管表面可与电解液相接触的面积较大,这些优异特性使得基于碳纳米管纤维的超级电容器可以产生很高的电容[62]。在过去几年中,研究人员在基于碳纳米管纤维的超级电容器方面已经取得了很多显著的进展[8,22,79,80]。Kozlov 等[22]采用三电极电解池测量了碳纳米管纤维的比电容。该电解池以石墨毡为对电极,Ag/Ag^+ 为参比电极,离子液体甲乙基咪唑三氟甲基磺酰亚胺为电解液,经测试发现原始碳纳米管纤维与经退火处理后的纤维的电容分别为 $48\ F\cdot g^{-1}$ 和 $100\ F\cdot g^{-1}$。Zhong 等[79]还测量了单根碳纳米管纤维织布(尺寸为 $18\ mm \times 23\ mm$)的电容。以 $Ag/AgCl$ 为参比电极,在 NaCl 电解液中对该双层电容器进行电化学测试,测试结果表明其电容可高达 $79.8\ F\cdot g^{-1}$。碳纳米管纤维除了可应用于电化学电池的电极,还可被用来制备纤维型超级电容器。例如,Dalton 等[8]测量了由两根 CNT/PVA 复合纤维组成的纤维超级电容器的电容,结果显示,该纤维超级电容器的电容为 $5\ F\cdot g^{-1}$,在电压为 1 V 时的储能密度可达 $0.6\ W\cdot h\cdot kg^{-1}$,可与大型商用超级电容器相媲美。

(3)驱动器:早期的研究发现,碳纳米管在注入电荷时的伸缩特性可被利用来制备电化学驱动器[81,82]。近年来,碳纳米管纤维的电化学性能及应用也被广泛研究[82-86]。研究发现,当将纤维电极与另一个电极浸没在电解液中,并在这两个电极之间加载电压时,碳纳米管纤维电极会发生收缩,这种收缩的机理与离子对纤维的渗滤及由纤维加捻形成的螺旋结构的变化密切相关。Mirfakhrai 等[83]发现,在恒定荷载条件下对碳纳米管纤维施加交流电压时,纤维长度会发生变化:当荷载高达 200 MPa 时,纤维应变可达 0.6%;另一方面,当在恒定电压下改变施加荷载的大小时,碳纳米管纤维电极会产生一个变化电流(每单位厘米纤维长度高达 1.2 nA·MPa^{-1})或变化电压(每单位厘米纤维长度高达 0.013 mV·MPa^{-1})。由于碳纳米管纤维在大气环境下可以承受大于 800 MPa 的应力和 450℃ 以上的高温,因此它们有望在高强高温应用领域发挥巨大潜力[84]。最近,Foroughi 等[87]将碳纳米管纤维应用于扭转驱动方面,结果显示,在一个简易的三电极电化学装置里,直径小于一根头发丝的加捻碳纳米管纤维经电解液渗滤后,具有可扭转人工肌肉的功能,每分钟可提供 590 次可逆旋转。在由电化学双层电荷注入引起的纤维体积增大的过程中,纤维会同时出现纵向收缩与扭转,这一现象可采用静压驱动机理来解释。

1.5 研究目的及主要研究内容

1.5.1 研究目的

碳纳米管优异的电学特性、极高的热导率、良好的热稳定性和化学稳定性及高比表面积和低密度等优良特性都使其具有多方面的应用潜力。尽管在过去二十年中研究学者在利用碳纳米管增强复合材料的应用方面已经取得了巨大进展,但是,这一领域仍然存在一些技术瓶颈。

例如,碳纳米管由于其具有较高的表面能量而易于团聚,使其在基体材料中难以分散均匀,造成其作为增强材料的长径比大为减少;此外,碳纳米管纳米级的直径及微米级的长度使得控制其在基体材料中的取向及分散变得更为困难。

因此,要想充分发挥碳纳米管的优越性能,必须将其组装成宏观结构,如纤维、丝带、薄膜等。目前,由大量碳纳米管在宏观尺度组装形成的一种新型纤维材料——碳纳米管纤维正在成为一个非常具有活力的研究方向。文献中已报道的碳纳米管纤维比强度和比模量的最高值已经超越了传统高性能纤维的相应值。此外,与传统纤维相比,碳纳米管纤维具有更好的韧性及更高的断裂伸长率。这些优良特性使得碳纳米管纤维在高性能材料领域中已经显示出极大的应用前景。

本研究目的是对采用碳纳米管阵列抽丝法制备出的碳纳米管纤维及由环氧树脂渗滤形成的碳纳米管/环氧树脂复合纤维进行力学性能(拉伸性能、与环氧树脂基体的界面性能、耐压性能和应力松弛性能)的表征,并探索性地将纯碳纳米管纤维应用于制备碳纳米管纤维/聚二甲基硅氧烷(PDMS)复合薄膜,展示了其作为可拉伸导体的潜在应用。

1.5.2　主要研究内容

本书的主要研究内容包括以下几点。

(1) 采用单纤拉伸测试对由碳纳米管阵列抽丝法制备的 50 根碳纳米管纤维的拉伸力学性能(拉伸强度、拉伸模量及断裂伸长率)进行了表征。利用含有两个参数的韦伯分布模型对碳纳米管纤维的统计拉伸强度进行了分析,通过线性拟合得到了碳纳米管纤维的韦伯形状因子,比较了碳纳米管纤维与采用气象沉积法生产的多壁碳纳米管、没有经过表面处理的传统碳纤维及玻璃纤维的拉伸强度分散性大小。

(2) 采用纤维微滴测试对碳纳米管纤维/环氧树脂复合材料的界面

性能进行了表征,得到了其有效界面强度的大小,并通过扫描电子显微镜(SEM)分析了碳纳米管纤维/环氧树脂复合材料界面失效的机理。分析了在微滴测试中使纤维发生拉伸断裂的累积可能性与纤维自由测试长度以及埋入树脂微滴长度的关系,确定了在本研究体系中纤维埋入树脂微滴的最佳长度范围,以确保界面脱粘发生在纤维拉伸断裂之前。

(3)采用浸润法制备了碳纳米管/环氧树脂复合纤维,并利用单纤拉伸测试对其拉伸力学性能(拉伸强度、拉伸模量及断裂伸长率)进行了表征,比较了碳纳米管纤维被环氧树脂浸润前后的拉伸性能,探讨了复合纤维拉伸性能增强的机理。

(4)采用拉伸回弹测试研究了纯碳纳米管纤维与碳纳米管/环氧树脂复合纤维的耐压性能,得到了两种纤维的耐压强度,并通过对纤维表面形貌的微观分析探讨了两种纤维发生压缩破坏的失效机理。

(5)采用应力松弛实验研究了纯碳纳米管纤维与碳纳米管/环氧树脂复合纤维在恒定应变条件下的应力松弛行为,讨论了纤维类型、初始应变大小、应变速率大小及纤维测量长度大小等因素对两种纤维发生应力松弛的影响,探讨了两种纤维发生应力松弛的机理。

(6)采用预拉伸—折皱法制备了碳纳米管纤维/聚二甲基硅氧烷(PDMS)复合薄膜,测量了其在多次拉伸—回复循环中及三种形变条件(压缩外力、折叠外力以及360°扭转外力)下的电性能,展示了基于折皱碳纳米管纤维的复合薄膜在作为可伸展、可弯曲、可扭转和可折叠性能的柔性电子器件方面所具有的潜在应用。

第2章

碳纳米管纤维/环氧树脂复合材料界面性能的研究

2.1 概　述

　　碳纳米管作为最强的一维纳米材料,拉伸强度及杨氏模量可分别高达 100 GPa 及 1 TPa[88],已经成功地被组装成连续的、具有宏观尺度的纤维[6,7,10,13-15,22,50,52,54,75,89-91]。过去十年中,在碳纳米管合成以及碳纳米管纤维的制备方面取得的关键性进展,使得高性能的碳纳米管纤维在轻质高强的多功能复合材料应用中具有巨大潜力[6,52,54,75,90,91]。当前已经发展的碳纳米管纤维的制备方法主要有两种:湿法纺丝[7,22]和干法纺丝[10,13-15,50,89]。干法纺丝又分为直接从碳纳米管化学沉积垂直生长炉中生成的碳纳米管气溶胶纺丝[13-15]或者从垂直生长的碳纳米管阵列中直接抽丝[10,50,89]。与湿法纺丝相比较,干法纺丝能够得到较长的碳纳米管以及在纺丝过程中可采用后处理工艺。因此,由干法纺丝得到的碳纳米管纤维展示出了目前最佳的力学性能[92]。

　　力学性能是碳纳米管纤维的一个重要的基本问题,绝大多数与碳纳米管纤维相关的研究工作都对其进行过表征[4,5,39,53,54,93]。尽管测量的长度相同,但是,不同研究工作报道的碳纳米管纤维的强度却相差很大[5,39]。这种纤维强度的差异是由纤维中单根碳纳米管的缺陷及在纤维纺丝过程中造成的非均相的纳米结构引起的[56,59]。在本实验研究中,我们报道了基于大量实验样本的碳纳米管纤维的力学拉伸性能,并对碳纳米管纤维的拉伸强度进行了统计分析。

碳纳米管纤维一个最为突出的应用前景是作为多功能复合材料的增强剂。例如,由碳纳米管纤维制成的单向复合材料中,纤维体积分数可高达25%,并且该复合材料的力学性能可与传统碳纤维增强的复合材料相媲美[74]。此外,与传统纤维相比,碳纳米管纤维具有更好的韧性及更高的断裂伸长率,可以经过多次弯曲、打结而不影响其力学性能,可有效用于接点、折皱、受力不匀等部位,并有望解决通常碳纤维增强复合材料的脆性过大、界面强度不高等问题。然而,碳纳米管纤维/聚合物复合材料的界面性能却鲜有报道。复合材料的界面剪切强度(IFSS)反映了纤维与树脂基体之间力的传递效率,是决定复合材料力学性能的一个关键因素。用于表征单根纤维在复合材料中的界面性能的微观力学测试方法主要包括:单纤维顶出法、单纤维复合材料断裂法以及微滴测试法[94]。在我们研究小组最近的一篇文献中[59],我们报道了采用单纤维复合材料断裂法研究碳纳米管纤维与环氧树脂基体之间的界面剪切强度。但是这种测试方法有两个不足之处:首先是为了防止纤维断裂产生的破坏,树脂基体的极限拉伸应变必须至少是纤维极限拉伸应变的4倍[94];其次,用光学显微镜观察到的纤维的临界长度可能会造成测量误差。因此,为了避免以上两个缺陷问题,本研究采用了微滴测试法来表征碳纳米管纤维与环氧树脂基体之间的界面剪切强度。这种方法不仅可以精确地测量在测试中施加到微滴的外力大小,而且还可以辨别界面材料的破坏机理。必须指出,为了减少纤维在微滴测试中的断裂几率,进而提高测试的成功几率,被测试的纤维应具有较高的拉伸强度。

利用扫描电镜(SEM)对微滴测试的样本进行界面破坏机理的分析表明,碳纳米管纤维/环氧树脂复合材料的界面破坏发生于碳纳米管纤维被环氧树脂渗透部分与纤维未被树脂渗透部分的界面之间。基于这种独特的界面破坏机理,我们将由微滴测试方法得到的界面剪切强度定义为有效界面强度(Effective IFSS)。最后,我们分析了在微滴测试中纤维发生拉伸断裂的累积可能性,该可能性是纤维自由测试长度以及埋入树脂微滴长度的函数。这种可能性的分析对今后在微滴测试中设计并制备样品提供了理论指导。

2.2　实　验　部　分

2.2.1　碳纳米管纤维的制备

本研究采用的碳纳米管纤维,是由中国科学院苏州纳米技术与纳米仿生研究所李清文教授领导的课题组采用碳纳米管阵列抽丝法制备的。通过对从可纺碳纳米管阵列中抽出并加捻的碳纳米管带状物进行纺丝,可以得到一根长而均匀的碳纳米管纤维[53],纤维中的碳纳米管主要是直径为约 6 nm 的双壁及三壁管。碳纳米管阵列由持续催化的化学气相沉积法制备[89],碳源由 C_2H_4 提供。在连续纤维的纺丝过程中,将乙醇微滴滴在三角形的碳纳米管带状物的顶端,使纤维密实。

2.2.2　单纤拉伸测试

首先将一个纤维试样固定在一个中间穿孔的卡纸上。该孔是由打孔机穿孔形成的,直径为(7±1) mm,决定了纤维的测量长度。然后用快干胶水(Instant Krazy Glue)将该纤维试样的两端粘在卡纸上,并使得纤维试样处于略微拉紧的状态以保证测试长度的一致。拉伸测试在带有 5 N 载荷传感器的微测试仪(INSTRON 5848)上完成,如图 2 - 1(a)所示。用测试仪的夹具先将卡纸两端夹紧,然后剪掉中间小孔的两端,使得在拉伸测试中只有纤维试样受力(图 2 - 1(b))。试样在静态拉伸载荷的作用下以 0.1 mm·min^{-1} 的速度被拉伸。对于每一个纤维试样,利用桌面扫描电镜(Tabletop SEM,Hitachi TM 100 Scanning Electron Microscope),在纤维试样的测量范围内,沿着纤维轴向取十个不同的位置来测量直径。纤维的平均直径就是这十个测量点的平均值。

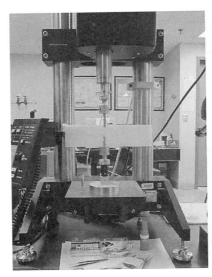 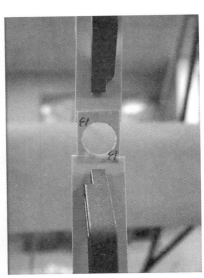

(a) 单纤拉伸测试的实验装置　　　　　　(b) 待测试的纤维样品

图 2 - 1

2.2.3　微滴测试

为了确保得到准确的、可重复的实验结果,在滴加树脂微滴之前使纤维成直线排列是非常必要的。首先将两根玻璃管在绝热的基体上(这里采用碳布)排成一条直线,玻璃管之间留有一定的空隙。然后将一根长度约为 25.4 mm 的碳纳米管纤维用快干胶水粘在两根玻璃管的上表面,使纤维处于略微拉紧的状态,如图 2-2(a)所示。树脂微滴由低黏度的基于双酚- A/F 的环氧树脂(Dow Chemical Company DER 353)与固化剂 4,4′-亚基双环己胺(PACM,Air Products and Chemicals,Inc.)按

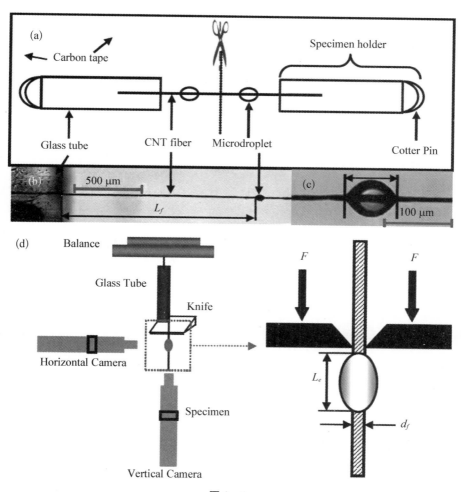

图 2-2

(a) 用于微滴测试的样品制备示意图;(b) 一个样品托的光学显微图像,纤维的自由长度 L_f 为 1 432.33 μm;(c) 一个微滴的光学显微图像,纤维在微滴中的埋入长度 L_e 为 79.60 μm;(d) 微滴测试装置示意图[95]

照化学当量计算以 100 : 28 的质量比配制而成。在直径为 6 μm 的碳纤维顶端蘸取少量树脂,将两滴很小的环氧树脂微滴滴在靠近玻璃管端部的碳纳米管纤维上。当微滴在纤维上室温(22℃)静置 5 h 后,将微滴在 80℃下固化 2 h,再于 150℃下后固化 2 h。滴加树脂微滴时,纤维的自由长度 L_f(即微滴顶端与玻璃管底部之间的距离,如图 2 - 2(b)所示)和纤维在微滴中的埋入长度 L_e(图 2 - 2(c))都需要仔细加以控制,以确保制备出高质量的样品。当树脂微滴固化后,用剪刀将纤维于中间小心剪开,便得到两个样品。最后,将一个开口销粘在玻璃管的顶端,这样就形成了一个钩子,可以悬挂在微滴测试仪的天平底部。利用光学显微镜,分别测量出纤维在微滴中的埋入长度(L_e)、纤维的直径(d_f)以及纤维的自由长度(L_f)。图 2 - 2(d)展示了微滴测试的装置,该装置是由特拉华大学复合材料中心的高博士搭建的[95]。在测试之前,借助于分别位于水平及垂直方向上的两台摄像机将两个刀片放置在微滴的上方。然后将两个刀片逐渐靠拢并与微滴相接触,通过控制刀片的运动在微滴上施加一个向下的作用力,使纤维受拖拉作用而拉紧。这时位于纤维与微滴界面处的剪切力逐渐增大,并通过界面相传递到纤维上。在测试中,位移速率设定为 0.003 mm·s^{-1},用天平测量剪切力的大小,记录力-位移曲线的数据以供分析,并用摄像机记录整个微滴测试的过程。图 2 - 3 所示是从记录的视频中截取的一幅图像。从该图像可以看出,两个刀片正与微滴接触,并对其沿着纤维长度的方向向下拖拉。

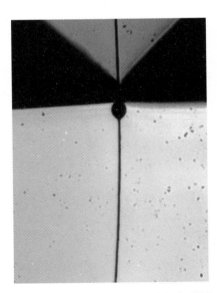

图 2 - 3　微滴测试过程中的视频截图

2.3 结 果 与 讨 论

2.3.1 碳纳米管纤维的力学性能及其强度分布

采用单纤拉伸测试法表征了 50 个测试长度均为(7±1) mm 的碳纳米管纤维样品的力学性能。表 2-1 总结了这 50 个试样的杨氏模量、拉伸强度以及断裂伸长率的测试值。

表 2-1 纯碳纳米管纤维试样的拉伸力学性能

Specimen	Diameter/μm	Strength/GPa	Modulus/GPa	Strain-to-failure
1	10	0.85	38.2	2.26%
2	10.2	0.76	34.8	2.18%
3	9.5	1.1	42.4	2.69%
4	10	1.13	44.7	2.71%
5	9.3	1.3	50.4	2.61%
6	8.8	1.38	52.6	2.69%
7	9.3	1.34	51.2	2.61%
8	10.1	1	25.2	4.1%
9	9.8	0.73	38.4	2.12%
10	10.44	1.03	35.6	2.9%
11	9.27	1.5	44.4	3.11%
12	9.41	1.31	46	2.64%
13	9.58	1.13	45.3	2.7%
14	10.02	1.18	43.3	2.63%
15	9.16	1.33	51.2	2.55%
16	10.42	0.96	33.6	2.92%

Specimen	Diameter/μm	Strength/GPa	Modulus/GPa	Strain-to-failure
17	8.67	1.36	48.5	3.83%
18	8.5	1.56	50.5	2.97%
19	10.83	0.77	29.4	2.7%
20	9.26	0.9	41.8	2.22%
21	10.39	0.95	30.5	3.07%
22	9.43	0.77	40.6	1.75%
23	9.52	0.75	37.1	2.58%
24	9.8	1.15	38.9	2.43%
25	9.16	1.24	47.4	2.97%
26	9.79	1.12	41.2	3.14%
27	9.32	1.15	43.8	2.97%
28	8.4	0.98	51.9	1.65%
29	10.45	0.57	30.7	1.78%
30	9.14	1.12	39	3.1%
31	8.61	1.31	50.1	2.66%
32	8.61	1.47	50.1	2.82%
33	10.61	0.9	34.7	2.63%
34	9.83	1.17	43.3	2.79%
35	10.52	0.95	38.8	2.99%
36	9.28	1.17	47.6	2.52%
37	10.17	1.01	42.3	2.5%
38	8.95	1.16	56.8	2.12%
39	8.82	1.36	52	1.94%
40	10.18	1.01	39.3	2.68%
41	8.97	1.77	53.4	2.8%
42	9.68	1.17	44	2.69%

续　表

Specimen	Diameter/μm	Strength/GPa	Modulus/GPa	Strain-to-failure
43	8.96	1.37	54.5	2.5%
44	10.3	1.08	44.6	2.19%
45	8.84	1.3	54.6	2.58%
46	10.43	0.97	33.8	3.08%
47	9.22	1.29	40.1	4.27%
48	10.07	1.02	39.7	3.07%
49	9.11	1.35	50.6	3.07%
50	9.66	1.17	43.6	2.85%

通过计算,我们可以得到这些碳纳米管纤维试样的平均直径为 $(9.58 \pm 0.63)\mu m$,它们的杨氏模量、拉伸强度以及断裂伸长率的分布如图 2-4(a)所示。从图中可以看出,纤维的杨氏模量、拉伸强度以及断裂伸长率的范围分别为 $0.6 \sim 1.8$ GPa、$26 \sim 57$ GPa 以及 $1.7\% \sim 4.3\%$,平均值分别为 (1.2 ± 0.3) GPa、(43.2 ± 7.4) GPa 以及 $2.7\% \pm 0.5\%$。需要指出,纤维的直径越小,测得的杨氏模量和拉伸强度就越高。这是由于如果纤维的直径越大,那么在纺丝过程中纤维的压缩量就越小,导致纤维中碳纳米管之间的相互作用力就越弱,因此纤维的拉伸强度就越低。另外,由于在纺丝过程中加入乙醇微滴对纤维实施致密化处理,因此,与之前的研究工作相比较[59],本研究中的碳纳米管纤维具有更好的拉伸性能。

为了优化在之后的微滴测试中采用的纤维的自由长度及微滴的大小,首先需要对碳纳米管纤维拉伸强度的分散性进行表征。在之前的研究工作中[59],由于所研究的碳纳米管纤维直径的分散性较大(介于 $20 \sim 50~\mu m$ 之间),因此,我们采用了一个经过修正的韦伯强度分布模型来表征纤维强度的分散性。在该模型中,缺陷密度随纤维直径的变化被应用到统计强度的分析中。而在本研究中,由于所采用的碳纳米管纤维的直径范围在 $8.4 \sim 10.8\ \mu m$ 之间,直径分散性远远小于在之前的研究工作中所采用的纤维。因此,在本研究中,我们采用通用的含有两个参数的韦伯分布模型来概略估算纤维的统计强度。在该模型中,我们假设纤维含有均一的直径。当应力等于或小于 σ_f 时,自由长度为 L_f 的纤维发生拉伸断裂的累积可能性方程如式(2-1)所示[96]:

$$F(\sigma_f) = 1 - \exp\left[-\frac{L_f}{L_0}\left[\frac{\sigma_f}{\sigma_0}\right]^m\right] \qquad (2-1)$$

在式(2-1)中,σ_f 为纤维的拉伸强度;σ_0 为尺度参数;m 为韦伯形状参数,它反映了纤维强度的离散程度;L_f 和 L_0 分别代表纤维的长度以及参照长度。在本书中,我们设定 $L_0 = 1\ \text{mm}$。式(2-1)可以改写成

$$\ln \ln\{1/[1 - F(\sigma_f)]\} = m\ln\sigma_f + \ln L_f - m\ln\sigma_0 \qquad (2-2)$$

纤维发生拉伸断裂的累积可能性 $F(\sigma_f)$ 可以通过将中值排列应用到测得的拉伸强度值中,用式(2-3)进行估算[97]:

$$F(\sigma_i) = \frac{i - 0.3}{N + 0.4} \qquad (2-3)$$

在式(2-3)中,N 代表样本总数;脚注 i 代表把纤维断裂时的强度值按照升序排列的级数。

利用最小二乘法用线性方程(2-2)来拟合实验结果,可以得到碳纳米管纤维的韦伯分布参数(图2-4(b))。从该图中可以看出,韦伯分布模型很好地拟合了实验结果。经计算得到:形状参数 m 的值为5.44;尺度参数 σ_0 的值为 $1.23\ \text{GPa}$。用气相沉积法合成的测量长度为 $(10 \pm 4)\mu m$ 的多壁碳纳米管的 m 值为 1.7[98];测量长度为 $60\ \text{mm}$ 的 Thornel-300 碳纤维的 m 值为 4.5[99];测量长度为 $5\ \text{mm}$ 的玻璃纤维的 m 值为

5.12[100]。由于 m 值与强度分布的离散程度成反比,即 m 值越大,强度分布的离散程度越低,反之亦然。因此通过比较可以看出,与多壁碳纳米管、Thornel-300 碳纤维以及玻璃纤维相比,本研究中碳纳米管纤维的强度分布的离散程度较低,尽管本研究采用的纤维的测量长度(7 mm)要小于用于比较的碳纤维的测量长度(60 mm)。

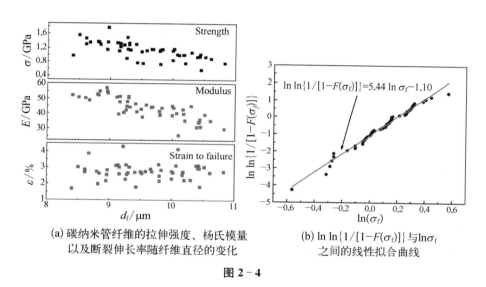

(a) 碳纳米管纤维的拉伸强度、杨氏模量以及断裂伸长率随纤维直径的变化

(b) $\ln \ln \{1/[1-F(\sigma_f)]\}$ 与 $\ln \sigma_f$ 之间的线性拟合曲线

图 2-4

2.3.2　采用微滴测试表征碳纳米管纤维与环氧树脂基体的界面性能

采用微滴测试法分析了碳纳米管纤维与环氧树脂基体之间的界面剪切强度(IFSS)。微滴测试法是纤维拔出法的一种衍生方法,是现在报道最普遍的用于直接测量纤维与树脂基体之间的界面剪切强度的方法之一。由于该测试方法只对一根纤维进行测试,因此,它提供了一种将界面孤立出来并对界面材料的失效机理进行表征的简单手段。

1) 有效界面剪切强度

碳纳米管纤维与环氧树脂基体之间的界面剪切强度可以按照式

(2-4)来计算。该公式假设纤维与其周围的树脂基体之间具有恒定的界面剪切强度值[101]。

$$IFSS = \frac{F_d}{\pi d_f L_e} = \frac{\sigma_d d_f}{4L_e} \qquad (2-4)$$

式中,F_d 是当微滴与纤维开始脱粘时所记录的沿纤维轴向的最大外力值,d_f 是纤维的直径,L_e 是纤维在微滴中的埋入长度,$\pi d_f L_e$ 是纤维在微滴中的埋入面积,σ_d 是微滴与纤维发生脱粘时的应力。通过在扫描电镜下观察界面发生脱粘后的纤维表面,可以发现微滴脱粘是由纤维中碳纳米管束之间的界面滑移造成的。因此,我们将由式(2-4)中计算得到的界面强度值定义为有效界面强度。

在测试的 40 个样品中,纤维在微滴中的埋入长度的范围为 50~200 μm。经测试,共得到了 10 个有效的界面剪切强度值。有限的测试成功率是由一些能对微滴测试造成潜在影响的因素造成的。这些因素包括:纤维与样品托是否保持成直线排列、制样中纤维的自由长度以及纤维在微滴中埋入长度的大小。将微滴发生脱粘的最大外力对纤维在微滴中的埋入面积作图,可以得到图 2-4(a)。从图中可以看出,尽管存在一些离散点,但是随着纤维埋入面积的增大,F_d 有逐渐升高的趋势。由于在微滴测试中,纤维表面只有很小的区域被埋入到微滴中,因此,F_d 数据的离散可能是由每一个样品测试条件的差异造成的。例如,两个刀片与微滴的接触位置的差异,纤维轴向是否成直线排列以及碳纳米管纤维表面结构的起伏[53]。

采用最小二乘法用通过原点的线性方程(2-4)来拟合实验数据(图2-5(a)),我们可以从拟合直线的斜率得到有效界面强度的平均值为 14.4 MPa。这样得到的碳纳米管纤维与环氧树脂基体之间的界面强度值,和表面未处理的无碱玻璃纤维与环氧树脂基体之间的界面强度

(20 MPa)[102]、表面未处理的碳纤维与环氧树脂基体之间的界面强度
(18.4 MPa)[103]相当。

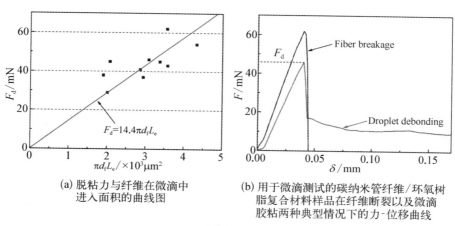

(a) 脱粘力与纤维在微滴中　　　　(b) 用于微滴测试的碳纳米管纤维/环氧树
进入面积的曲线图　　　　　　　脂复合材料样品在纤维断裂以及微滴
　　　　　　　　　　　　　　　胶粘两种典型情况下的力-位移曲线

图 2-5

　　为了更深入地研究在微滴测试中纤维断裂以及微滴脱粘的具体过
程,图 2-5(b)展示了微滴测试中两种典型的力-位移曲线。在纤维发生
断裂以及微滴脱粘两种典型情况下,样品中纤维埋入微滴的长度分别为
180.5 μm 和 99.5 μm。从图中可见,对于纤维断裂的样品来说,剪切力随
着位移的增大而呈线性上升,最终达到纤维的极限断裂力值使纤维发生
断裂;而对于微滴脱粘的样品来说,当剪切力达到最大脱粘力(F_d)时,微
滴开始沿着纤维表面发生滑移,使力突然下降到一个较低的值。之后,伴
随着一个准静态的平台,即当微滴在两个刀片的作用下沿着纤维向下移
动时,纤维与微滴之间保持相对滑动。在碳纤维[104]和玻璃纤维[105]的微
滴测试中,当力发生初始下降后紧接着会有一个很小的上升,然后才伴随
一个准静态的平台。这个力的上升被称为动态超越,通常出现在纤维动
态卸载过程中。但是,在碳纳米管纤维/环氧树脂复合材料的力-位移曲
线中,我们并没有观察到这样一个力的上升,而是在力发生初始下降后
滑移力逐渐下降。这表明在脱粘后的微滴与纤维之间仍然存在着某种

相互作用。

2) 界面破坏机理

为了更深入地研究界面破坏的机理,我们用 SEM 观察了样品经过微滴测试后的失效表面。为了便于比较,原始纤维的表面形貌显示在图 2-6(a)中。从图中可以看出,原始纤维的表面并不光滑。由于碳纳米管纤维是由大量的一根根碳纳米管聚集而成,因此在纤维中的碳纳米管束之间存在大量的空隙,使得树脂微滴能够渗透到这些空隙中。图 2-6(b) 显示了纤维与树脂微滴之间的界面脱粘前后,微滴沿着纤维滑移的位置概况。微滴的初始位置位于 A 和 B 之间。当外力作用在微滴上并增加到临界值时,界面发生脱粘;紧接着,微滴沿着纤维逐渐滑移通过位置 C,最终在测试结束后到达位置 D。图 2-6(c)(对应于图 2-6(b) 中的位置 A)显示了由刀片的向下运动导致的微滴顶端发生破裂的位置。从该图中可以看出,部分碳纳米管束从环氧树脂层中被拔出,这表明环氧基体已经渗透到了纤维中。另外,由图 2-6(d)(对应于图 2-6(b)中的位置 B),在微滴底部微滴发生脱粘的位置处存在明显的碳纳米管束断裂的区域,并且位于该区域以上的纤维直径要小于位于该区域以下的纤维直径。当有被树脂渗透的碳纳米管束与未被树脂渗透的碳纳米管束之间发生滑移时,被树脂渗透的碳纳米管束从纤维主体上被撕裂下来,从而导致了上、下直径的差异。图 2-6(e)(对应于图 2-6(b) 中的位置 C)显示了与原始纤维的表面相比,用于微滴测试的碳纳米管纤维样品的失效表面显示出部分纤维发生破坏,纤维表面的碳纳米管束从纤维主体中被剥离。从图 2-6(f)(对应于图 2-6(b)中的位置 D)可以看出,与位置 A 类似,部分碳纳米管束也从脱粘后的树脂微滴中被拔出,这进一步证实了树脂基体对纤维的渗透并在纤维表面形成了一层碳纳米管束/环氧树脂复合材料薄层。另外,发生破坏的微滴表面出现韧性断裂的形貌(图 2-6(f)),这与在碳纳米管增强的环氧树脂复合材料

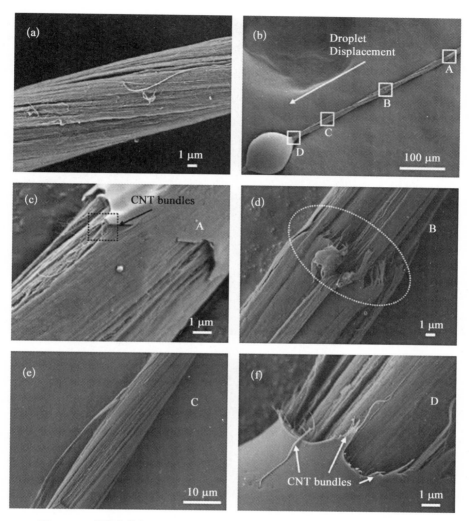

图 2 - 6　碳纳米管纤维/环氧树脂复合材料样品在界面脱粘前后的 SEM 图

（a）原始纤维的表面形貌图；（b）界面脱粘前后微滴沿纤维滑移的位置概况；（c）微滴在初始位置发生断裂的区域顶部及（d）底部；（e）碳纳米管束从纤维主体上被剥落；（f）微滴发生脱粘后的断裂表面

中观察到的断裂韧性的提高相一致[106]。

　　为了评估环氧树脂对纤维的渗透程度，我们制备了一个纤维在微滴中的埋入长度为 190 μm 的样品。沿与纤维轴向垂直的方向用锋利的刀片将微滴剖开,用 SEM 观察微滴的剖面(图 2-7(a))。从图 2-7(b)中可以看出,环氧树脂已经渗透到纤维中,并形成了一层厚度约为 1 μm 的碳纳米管束/环氧树脂复合材料薄层。在界面剪切力的作用下,界面破坏发生在被环氧树脂渗透与未被树脂渗透的碳纳米管束之间。

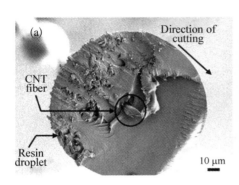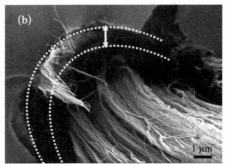

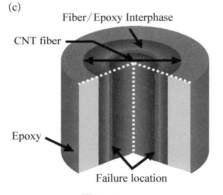

图 2-7

(a) 树脂微滴被尖利刀片剖开的剖面图,碳纳米管纤维位于微滴中央;(b) 树脂微滴渗透入纤维的深度约 1 μm;(c) 在微滴测试中碳纳米管纤维/环氧树脂复合材料样品的界面破坏示意图

基于以上的微观观察,我们建立了一个在微滴测试中界面破坏的模型,如图 2-7(c)所示。当将微滴滴在纤维表面时,环氧树脂便开始从纤维表面渗透到纤维中,并在微滴固化后形成了一层碳纳米管束/环氧树脂复合材料界面层。在剪切力的作用下,破坏沿着界面发生于碳纳米管

纤维与纤维/环氧树脂界面层之间。因此,这就是将由式(2-4)中计算得到的界面强度值定义为有效界面强度的原因。应该注意到,在式(2-4)中,d_f值为原始纤维的平均直径值,没有考虑界面层的厚度而对其加以修正。

2.3.3　微滴测试中纤维拉伸断裂的可能性研究

在微滴测试中,保持两个刀片成直线排列并精确控制刀片与微滴的接触位置对于实验的成功至关重要。为了减少无效实验的发生,需要综合考虑可能影响实验的所有因素。在制备样品时,纤维的自由长度 L_f 以及在纤维在微滴中的埋入长度 L_e 是两个非常关键的参数。众所周知,L_f 也被称为测试长度,应尽可能短以减少在纤维表面出现较大缺陷的概率。此外,由于使微滴发生脱粘的外力与 L_e 直接成正比,因此,L_e 也应控制得尽可能小。在本研究中,共制备了 40 个 L_e 为 $50\sim200~\mu m$ 之间的样品,其中接近一半的样品在微滴脱粘前纤维就已断裂。为了研究 L_e 与 L_f 对实验有效性的影响,我们研究了纤维在微滴测试中发生拉伸断裂的累计可能性,该可能性是 L_e 与 L_f 的函数。

按照之前在本研究中得到的碳纳米管纤维的韦伯强度分布,方程式(2-1)中纤维发生拉伸断裂的累积可能性可以表示如下:

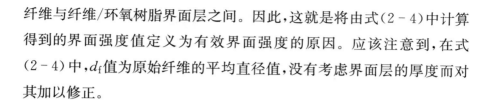

$$F(\sigma_f) = 1 - \exp\left[-\frac{L_f}{L_0}\left(\frac{\sigma_f}{1.23}\right)^{5.44}\right] \qquad (2-5)$$

在此方程中,分别设定 L_f 为 1.2 mm(实验装置可以测试的最小值)、1.6 mm 以及 2.0 mm 以评估其对纤维断裂可能性的影响。

为了确保微滴测试的成功,纤维与微滴之间的界面必须在纤维发生拉伸断裂前就破坏,即:使微滴发生脱粘所需要的剪切力必须小于使纤维发生断裂的拉伸外力。10 次成功的实验产生的有效的 *IFSS* 值范围为 12～22 MPa。因此,为了之后便于分析,我们选择了三个等级的有效界面剪切强度,分别为 10 MPa、20 MPa 以及 30 MPa。当取三种不同的纤维自由长度(1.2 mm、1.6 mm 以及 2.0 mm)和三种不同的有效界面剪切强度(10 MPa、20 MPa 以及 30 MPa)时,由方程式(2-1)和式(2-5)可以得到介于 0～500 μm 之间的纤维在微滴中的埋入长度与纤维断裂的累积可能性关系的曲线(图 2-8)。

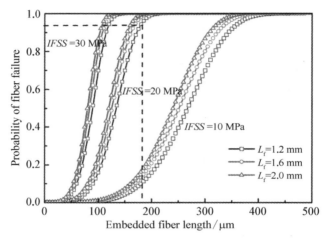

图 2-8　微滴测试中纤维断裂的累积可能性与 L_f、L_e 的关系曲线

从图中可以看出,对于给定的 L_e 值,L_f 越大,样品发生拉伸断裂的累积可能性就越高。以 L_f 值为 1.2 mm 的一个样品为例,当有效 $IFSS$ 值为 20 MPa 时,纤维断裂的累积可能性随着 L_e 的增大而升高。当 L_e 为 180 μm 时,纤维断裂的累积可能性达到 94%(如图 2-8 中的虚线所示)。因此,图 2-8 所示的纤维断裂的累积可能性曲线清楚地展示了在微滴测试中平衡选择 L_e 与 L_f 的需要,并且该分析与实验结果吻合得很好。在本研究中,共制备了 40 个 L_e 为 50～200 μm 之间的样品。其中在 10 个 L_e 为 50～100 μm 的样品中,只有 2 个样品在界面脱粘前就已发生纤维断裂;在另外 12 个 L_e 为 100～150 μm 的样品中,有 10 个样品

发生纤维断裂;而在其余 18 个 L_e 为 150～200 μm 的样品中,所有样品都发生了纤维断裂。基于以上的实验结果,我们可以得出这样一个结论:L_e 越大,纤维断裂的可能性也就越大。但是应该注意到,L_e 并不能无限制地减小。这是由于当微滴过小时,刀片对微滴加载的难度增大。因此,综合考虑现有的实验结果以及理论分析,L_e 应该控制在 60～150 μm 之间,以确保界面脱粘发生在纤维拉伸断裂之前。图 2-8 提供了今后为任意碳纳米管纤维/树脂体系在微滴测试中选择合适的 L_e 以及 L_f 提供了理论指导。

2.4　本　章　小　结

研究了碳纳米管纤维的拉伸性能,并采用微滴测试法对碳纳米管纤维/环氧树脂复合材料的界面性能进行了表征。主要结论可总结如下:

(1)采用单纤拉伸测试对由碳纳米管毛毡纺丝法生产的 50 根碳纳米管纤维的拉伸性能进行了表征。碳纳米管纤维的平均拉伸强度、拉伸模量及断裂伸长率分别为:(1.2 ± 0.3)GPa、(42.3 ± 7.4)GPa 及 $2.7\%\pm0.5\%$。

(2)利用含有两个参数的 Weibull 分布模型对碳纳米管纤维的统计拉伸强度进行了分析,通过线性拟合得到碳纳米管纤维的 Weibull 形状因子 m 为 5.44。由于 m 值与分散的程度成反比,因此,这一结果表明目前这种碳纳米管纤维在拉伸强度的分散要小于采用气象沉积法生产的多壁碳纳米管($m=1.7$)和没有经过表面处理的传统碳纤维($m=4.5$)及玻璃纤维($m=5.12$)的拉伸强度的分散。

(3)采用纤维微滴测试对碳纳米管纤维/环氧树脂复合材料的界面性能进行了表征。实验结果表明它们的有效界面强度(Effective $IFSS$)

为 14.4 MPa。SEM 表明，与传统纤维增强的复合材料不同，碳纳米管纤维/复合材料的界面滑移发生在碳纳米管束与环氧树脂渗透形成的碳纳米管纤维/环氧树脂界面层之间。这种界面失效机理表明，为了提高基于碳纳米管纤维的复合材料的界面性能，今后的研究工作应着重于加强纤维中碳纳米管束之间的相互作用，并且通过对纤维表面进行处理来提高树脂对纤维的渗透程度。

（4）分析了碳纳米管纤维在微滴测试中，作为纤维自由测试长度以及埋入树脂微滴长度函数的使纤维发生拉伸断裂的累积可能性。这对今后为任意碳纳米管纤维/树脂体系在微滴测试中选择合适的纤维自由长度以及埋入微滴长度提供了理论指导。

第3章

碳纳米管纤维及碳纳米管/环氧树脂
复合纤维耐压性能的研究

3.1 概　述

　　碳纳米管纤维由于其简单的制备过程,奇特的内部结构以及优异的力学和电学性能[6,107,108]而引起了业界广泛的研究兴趣。碳纳米管纤维可从碳纳米管溶液[7-9]、碳纳米管气溶胶[5,14,79]以及碳纳米管阵列[10,11,39]中连续纺丝制得。碳纳米管纤维的长度可达到数千米,直径却只有数微米。文献中已报道的碳纳米管纤维的比强度和比弹性模量已经超越了传统碳纤维的相应值[4,5,109],这主要归功于纤维中碳纳米管呈线性排列并通过范德华力紧密结合在一起。碳纳米管纤维最有价值的应用之一是作为多功能复合材料的增强材料。在过去几年中,研究学者主要通过单纤拉伸测试法研究了碳纳米管纤维的拉伸性能[6,107]。最近,研究者还通过单纤断裂测试[59]及微滴测试[110]表征了碳纳米管纤维/环氧树脂复合材料的界面性能。微滴测试结果显示碳纳米管纤维/环氧树脂复合材料具有不同于传统碳纤维及玻璃纤维/环氧树脂复合材料的界面破坏机理。

传统碳纤维及聚合物纤维的耐压强度通常比较有限,这就制约了基于传统纤维的复合材料在恶劣条件下的应用。传统纤维的耐压性能可以通过以下几种方法来表征:弹性环测试[111]、弯梁测试[112]、拉伸回弹测试[113]以及单纤维复合材料测试[114]。虽然碳纳米管纤维的拉伸性能已被广泛研究,但研究者对其在轴向压缩时表现出的行为仍缺乏足够的了解。这是由于对具有微观尺寸的纤维进行耐压测试始终存在一定难度。Gao 等[115]利用单纤维复合材料测试研究了埋入聚合物基体中的一根碳纳米管纤维在热压缩条件下的增强效率。结果表明,埋入聚合物基体中的碳纳米管纤维具有比埋入聚合物基体中的碳纤维更高的耐压模量,并且碳纳米管纤维在较大的应变条件下也能连续承受压缩外力而不发生永久变形及断裂。这种优异的性能,要归功于碳纳米管本身优越的柔韧性以及碳纳米管与聚合物基体的耦合效应。

单纤维复合材料测试通常需要繁琐的样品制备工序,并且采用这种方法很难得到单根纤维的真实耐压强度。相比之下,拉伸回弹测试则是一种更为直接的研究单纤耐压强度的测试方法。该方法的基本原理是:当纤维发生拉伸断裂时,产生的回弹力便作用在断裂的两个纤维段上并使纤维受压而遭到破坏。根据 Allen 提出的实验过程[113],在不同的拉伸荷载作用下剪断纤维试样,可以得到被剪断的纤维段在回弹压缩荷载作用下发生破坏(弯曲、折皱或断裂)的拉伸荷载阈值。许多研究工作使用这种方法已经得到了多种聚合物纤维及碳纤维的耐压强度,并且分析了纤维发生压缩破坏的机理[113,116,117]。最近,我们研究小组发现采用气溶胶法制备的碳纳米管纤维在拉伸断裂后,受到回弹压缩外力的作用,上、下两段纤维要么完好无损,要么发生折皱。因此,按照 Allen 的理论,这些纤维的耐压强度与它们的拉伸强度相等,约为 175 MPa[118]。

为了对碳纳米管纤维的力学性能有更深入的了解,我们采用单纤拉伸回弹测试来研究其耐压行为。在本研究中,我们得到了碳纳米管纤维的耐压强度,并利用扫描电子显微镜(SEM)研究且确定了碳纳米管纤维的压缩破坏机理。此外,我们研究小组在最近对碳纳米管纤维/聚合物复合材料界面性能的研究中,发现聚合物基体能够渗透到碳纳米管纤维中,从而提高了纤维中碳纳米管之间的力传递效率。因此,在本研究中,我们也通过拉伸回弹测试研究了被环氧树脂渗透的碳纳米管纤维,即碳纳米管/环氧树脂复合纤维的耐压性能,并讨论了环氧树脂的浸润对碳纳米管/环氧树脂复合纤维耐压性能的影响。

3.2　实　验　部　分

3.2.1　碳纳米管纤维/环氧树脂复合材料纤维的制备

本研究采用的碳纳米管纤维是通过对从可纺碳纳米管阵列中抽出并加捻的碳纳米管带状物进行纺丝得到的[53],纤维中的碳纳米管主要是直径约为 6 nm 的双壁和三壁碳纳米管。碳纳米管纤维/环氧树脂复合纤维是采用浸湿技术制备的[93]。首先将碳纳米管纤维放置到环氧树脂浴中(将 Epon 862 环氧树脂与 Epikure W 固化剂按照化学计量质量比为 100∶26.4 混合而成)并在 60℃的真空烘箱中脱泡 1 h。真空脱泡的目的是为了除去碳纳米管束之间具有微观尺寸的气泡,并使得环氧树脂能够充分渗入加捻的碳纳米管纤维中。将采用上述方法制得的复合纤维从环氧树脂浴中移出,将其放置在一张纸巾上吸除复合纤维表面多余的环氧树脂液,再将复合纤维两端分别固定在两块碳布上使其呈微拉紧的状态,使得复合纤维保持平直,以便于拉伸回弹测试,同时挤出多余的环氧树脂液以提高纤维的体积分数,最后将复合纤维在 130℃

下固化 6 h。

3.2.2 拉伸回弹压缩测试法

在拉伸回弹压缩测试法中,试样的制备方法及纤维的测试长度均与在准静态拉伸测试中使用的条件参数相同。当对纤维试样施加一个静态拉伸荷载后(此时纤维还未发生拉伸断裂),采用手术用超细剪刀(Fine Science Tools (USA), Inc.)在纤维测试长度的中间位置将纤维剪断,使得断裂的两段纤维段各自回弹。实验装置和实验过程分别如图 3 - 1(a)及图 3 - 1(b)所示。与传统纤维(如 Kevlar[113]和碳纤维[116])的回弹压缩测试不同,对碳纳米管纤维加载并使其保持在预定的荷载水

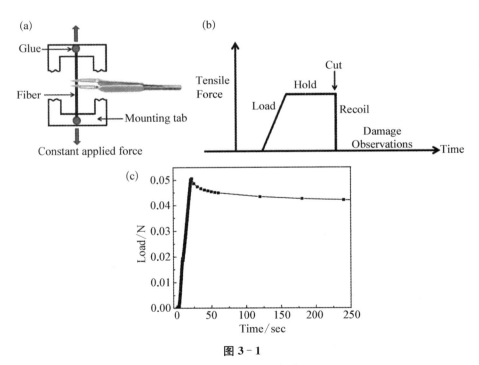

图 3 - 1

(a) 拉伸回弹测试中的实验装置示意图;(b) Allen[113]提出的实验过程;(c) 碳纳米管纤维的力-时间曲线(对纤维试样加载使荷载达到预设值约 0.05 N 后,将试样在一个恒定的位移下保持 250 s,记录力随时间的变化)

平是比较困难的。这是由于在恒定的外力作用下,纤维中的碳纳米管束之间会发生滑移,导致荷载逐渐下降(图 3-1(c))。因此,在给定的荷载条件下剪断纤维试样时要格外小心。在剪断纤维试样后,将断裂的上、下两段纤维小心地从夹具上取出,然后利用台式扫描电子显微镜(Hitachi TM 100 scanning electron microscope)观察靠近纤维端部离夹具较近的部分是否存在压缩破坏,每个样品的两个纤维段便会产生两个观测结果。

3.3　结　果　与　讨　论

3.3.1　在碳纳米管/环氧树脂复合纤维中树脂对纤维的渗透评估

采用与扫描电镜(SEM)联用的聚焦离子束(FIB)电子显微镜(Auriga 60 CrossBeam FIB-SEM, Carl Zeiss Microscopy)来观察并比较碳纳米管纤维在环氧树脂浸润前后的截面形貌。采用电流为600 PA、电压为 30 kV 的镓离子束对样品进行研磨。从图 3-2(a)中可以看到,在整个原始碳纳米管纤维的截面上存在许多分散的裂纹。这些裂纹(图 3-2(b))是由纤维中碳纳米管束的相互分离造成的,这表明碳纳米管束之间的相互作用力较弱。但是,与其他研究工作报道的未经溶剂致密化处理的原始纤维的 FIB 截面相比[41],本研究中使用的碳纳米管纤维看上去更为紧密,而且几乎看不到碳纳米管松散的端头。这可能是由于在纤维纺丝过程中[53],滴在三角形碳纳米管带状物尖端的乙醇的致密化作用造成的。当乙醇挥发后,这种致密化作用便显现出来。当纤维被树脂浸润之后,纤维呈现出固态形貌(图 3-2(c)),尽管在复合纤维截面上还是可以看到一些微裂纹(图 3-2(d))。

通过比较碳纳米管纤维在树脂浸润前后的截面形貌,我们可以得出

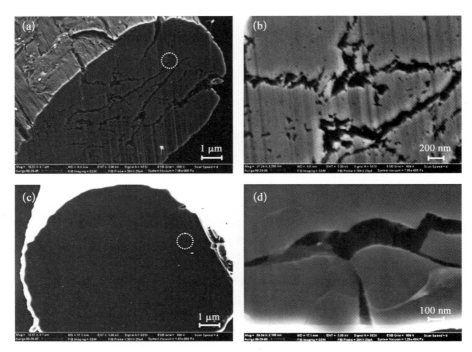

图 3‑2　一根碳纳米管纤维在环氧树脂浸润前后的截面形貌

（a）原始碳纳米管纤维的截面图，可以清楚地看到纤维界面存在许多裂缝；（b）原始碳纳米管纤维截面上裂缝的放大图；（c）碳纳米管/环氧树脂复合纤维的截面图，可以看到截面只有少数微小裂缝存在；（d）复合纤维截面上裂缝的放大图

这样一个结论：环氧树脂已经有效地渗透到纤维中碳纳米管之间的孔隙里，这种渗透对之后即将讨论的碳纳米管/环氧树脂复合纤维的力学性能以及耐压性能的提高至关重要。

3.3.2　纤维的力学拉伸性能

采用微力材料试验机（INSTRON 5848 Micro Tester）对原始碳纳米管纤维与碳纳米管/环氧树脂复合纤维的力学性能进行了表征。纤维的测试长度为（7±1）mm，每种纤维各测试了十个样品，它们的拉伸测试结果分别总结在表 3‑1 及表 3‑2 中。图 3‑3 所示为原始碳纳米管纤维与碳纳米管/环氧树脂复合纤维的典型的拉伸应力-应变曲线。从该图中可以看出,当纤维被环氧树脂浸润后,其拉伸强度从 1.40 GPa 提高到了 1.77 GPa,拉伸杨氏模量从 66.0 GPa 提高到了 93.4 GPa,而断裂伸长率从 2.54% 降低到了 1.99%。复合纤维力学性能的提高要归功于环氧树脂对纤维中碳纳米管束之间的孔洞的有效渗透,这已在之前的 FIB/SEM 被证实。值得注意的是,传统的复合材料混合定律已不能用于解释在本研究中观察到的复合纤维杨氏模量的提高现象。对于原始碳纳米管纤维来说,碳纳米管的波度和相互间的滑移限制了其承载能力,从而使得原始纤维的力学性能远低于单根碳纳米管的相应值;而对于复合纤维来说,尽管引入了模量较低的环氧树脂基体,但是,树脂的渗透使得固化后碳纳米管与环氧树脂之间可以相互联结,从而提高了荷载传递到碳纳米管上的效率,使得复合纤维的力学性能得到较大提高[48]。

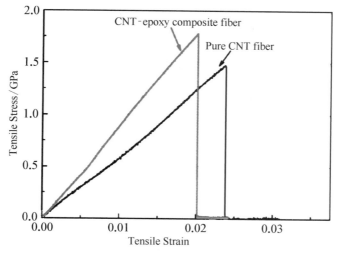

图 3-3　原始碳纳米管纤维与碳纳米管/环氧树脂
复合纤维的典型的拉伸应力-应变曲线

表 3 - 1 原始碳纳米管纤维的单纤拉伸测试结果

Pure CNT fiber	Diameter /μm	Strength /GPa	Modulus /GPa	Strain-to-failure
Specimen 1	10.0	1.44	60.8	2.55%
Specimen 2	10.5	1.39	66.8	2.83%
Specimen 3	10.0	1.47	67.5	2.47%
Specimen 4	10.7	1.49	65.6	2.38%
Specimen 5	11.1	1.36	65.5	2.47%
Specimen 6	10.8	1.41	66.5	2.65%
Specimen 7	11.3	1.35	67.5	2.70%
Specimen 8	9.8	1.32	65.6	2.53%
Specimen 9	10.4	1.50	65.8	2.36%
Specimen 10	10.5	1.37	69.1	2.45%
Average	10.5	1.40	66.0	2.54%

表 3 - 2 碳纳米管/环氧树脂复合纤维的单纤拉伸测试结果

CNT/epoxy composite fiber	Diameter /μm	Strength /GPa	Modulus /GPa	Strain-to-failure
Specimen 1	12.1	1.75	93.8	2.03%
Specimen 2	11.7	1.78	90.1	2.00%
Specimen 3	11.4	1.60	95.7	1.74%
Specimen 4	12.8	1.94	96.0	2.18%
Specimen 5	11.5	1.75	94.6	2.12%
Specimen 6	12.3	1.80	92.5	1.99%
Specimen 7	11.4	1.82	94.4	2.20%
Specimen 8	12.6	1.70	92.2	1.72%
Specimen 9	13.0	1.72	93.5	1.84%
Specimen 10	11.5	1.82	91.0	2.10%
Average	12.0	1.77	93.4	1.99%

3.3.3　纤维的耐压性能

1）耐压强度

在回弹测试中,如果纤维没有小心地被剪断,那么就会导致荷载突然升高。这些力的突然升高通常是由于剪刀的两个刀片没有以对称平衡排列的状态剪断纤维,即两个刀片没有同时与纤维接触,使得纤维在剪断之前就已发生侧向滑移,从而导致纤维的轴向外力突然升高。如果荷载的升高幅度较大,那么,纤维中的真实应力状态便不得而知,从而导致测试失效[116]。因此,在测试中应格外小心,将纤维样品对称剪断。为此,我们在实验中安置了支撑剪刀的支架。在本研究中,我们把剪断纤维时荷载升高量小于 10％的测试定义为有效的测试。图 3-4 所示是有效的和无效的拉伸回弹压缩测试实例。在测试的 90 个原始纤维样品中,一共有 28 个样品的测试是有效的,这表明将纤维在一定荷载下合理剪断的实验成功率约为 30％。

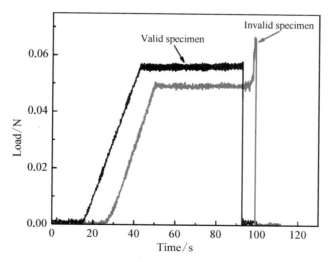

图 3-4　拉伸回弹压缩测试中碳纳米管/环氧树脂复合纤维的有效测试与无效测试的典型曲线

按照 Allen 提出的实验方法[113]，假设不存在能量耗散，那么，由试样回弹产生的耐压应力波的大小应与初始的拉伸应力的大小相等，但是，方向相反。通过进行多次拉伸回弹测试，我们便可以从按照初始拉伸应力的大小来排序的一组数值中得出刚好能对纤维产生压缩破坏的应力阈值。表 3-3 列出了将初始拉伸应力从小到大排序的 28 组有效测试的数值。表格中的每一行都是在一个纤维试样中，对剪断的纤维上段和下段同时进行观察的结果。从该表格中确定了一个施加应力的范围，此范围的上、下两端分别是观察到纤维从 100% 无压缩破坏到 100% 发生压缩破坏的临界值（如虚线框所示）。然后，取在这个范围内的最大应力值与最小应力值的平均值作为纤维的回弹耐压强度。因此，在本研究中的碳纳米管纤维的回弹耐压强度约为 416.2 MPa，该值是纤维首次出现折皱的应力值 354.1 MPa 与最后一次观察到纤维未发生压缩破坏的应力值 478.3 MPa 的平均值。该表格中的个别异常数据值（如在 275.1 MPa 应力下观察到纤维发生了压缩破坏）在计算时被排除在外，以减少实验偏差。采用这种方法得到的碳纳米管纤维的回弹耐压强度值与 Thornel P130 碳纤维的耐压强度值（410 MPa）相当[116]，但是，要高于 Kevlar-49（365 MPa）[113] 及采用气溶胶纺丝制得的碳纳米管纤维（172~177 MPa）[118] 的耐压强度值。以上这些纤维的耐压强度值均是采用拉伸回弹测试法得到的。

表 3-3 原始碳纳米管纤维的回弹压缩测试结果a

Applied Load/N	Stress/MPa	Upper segment	Lower segment
0.009 1	95.8	N	N
0.012 12	167.9	N	N
0.017 85	227.8	N	N
0.016 83	230.2	N	N

Applied Load/N	Stress/MPa	Upper segment	Lower segment
0.019 05	246.6	N	N
0.019 23	262.5	N	N
0.019 82	275.1	Y	N
0.021 57	284.9	N	N
0.023 66	318.4	N	N
0.024 92	323.9	N	N
0.025 58	328.5	N	N
0.025 99	354.1	N	Y
0.029 99	374.5	Y	N
0.031 22	387.6	Y	N
0.031 32	391.1	Y	Y
0.029 05	397.4	Y	Y
0.030 22	411.7	N	N
0.033 71	422.6	Y	Y
0.032 16	448.3	Y	N
0.034 7	462.2	Y	N
0.034 94	473.1	Y	Y
0.035 18	478.3	N	Y
0.038 79	503.2	Y	Y
0.042 33	587.6	Y	Y
0.051 62	680.5	Y	Y
0.060 11	779.7	Y	Y
0.073 19	970.8	Y	Y
0.115 98	1 480	Y	Y

ᵃN 代表没有观察到压缩破坏,Y 表明观察到了压缩破坏

值得注意的是,本研究中及文献[118]中采用的碳纳米管纤维的耐压强度存在较大差异,这是由于不同的纺丝方法得到的纤维存在结构差异。在对碳纳米管/环氧树脂复合纤维测试时,一共测试了 80 个样品,其中的 25 个样品的测试有效(表 3-4)。采用同样的测试方法,我们得到了复合纤维的耐压强度值为 573 MPa,与原始碳纳米管纤维相比,提高了 37.7%。复合纤维耐压强度与拉伸强度的提高,要归功于之前讨论过的树脂对纤维的有效浸润(图 3-2)。

表 3-4　碳纳米管/环氧树脂复合纤维的回弹压缩测试结果

Applied Load/N	Stress/MPa	Upper segment	Lower segment
0.044 47	468.2	N	N
0.047 75	476.4	N	N
0.046 48	480.6	N	N
0.050 62	511.3	N	N
0.050 33	529.9	Y	Y
0.050 46	541.0	Y	Y
0.053 02	558.2	N	N
0.056 22	581.3	Y	N
0.057 35	587.6	N	Y
0.054 94	589.1	Y	Y
0.058	599.7	N	Y
0.056 16	602.1	Y	N
0.057 45	616.0	N	Y
0.058 1	623.0	Y	Y
0.060 87	640.8	Y	Y
0.063 04	651.8	Y	Y
0.062	652.7	Y	Y
0.063 47	656.2	Y	Y

续　表

Applied Load/N	Stress/MPa	Upper segment	Lower segment
0.069 01	664.7	Y	Y
0.066 05	682.9	Y	Y
0.075 1	749.2	Y	Y
0.083 36	762.6	Y	Y
0.082 89	812.5	Y	Y
0.079 59	837.9	Y	Y
0.172 5	1 849.6	Y	Y

2）压缩破坏机理

为了深入了解碳纳米管纤维被树脂渗透前后的回弹压缩的破坏机理,我们在 SEM 下观察了原始碳纳米管纤维及其复合纤维受到回弹压缩的破坏表面。图 3-5、图 3-6 和图 3-7 所示是原始碳纳米管纤维在不同的初始拉伸应力下回弹后的表面形貌。当初始拉伸应力较低时(167.9 MPa),无论是在靠近夹具处还是在剪断的纤维的其他部分,我们均未观察到纤维表面有明显的回弹破坏(如图 3-5(a)和图 3-5(b)所示)。此外,从纤维被剪断的端部位置 B 的 SEM 图(图 3-5(c))中可以看到,剪断的端口非常整齐。

当在较高的初始拉伸应力下剪断纤维时(680.5 MPa),可以很清楚地看到在靠近夹具的纤维端部出现了压缩破坏(图 3-6(a)),其中在纤维上段出现的三个折皱分别显示在图 3-6(b)、图 3-6(c)及图 3-6(d)中。

当不用剪刀而直接使纤维在轴向拉伸应力下断裂时,这时的回弹应力达到了纤维的拉伸断裂应力 1.48 GPa。在这种情况下,可以观察到纤维表面出现了大量折皱并且纤维严重弯曲(如图 3-7(a)—图 3-7(e)

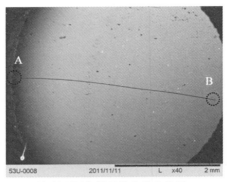

(a) 断裂纤维样品的上段全貌图

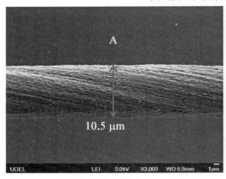

(b) 靠近夹具的位置

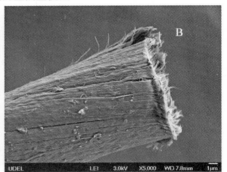

(c) 纤维被剪断的端部位置B

图 3-5 拉伸回弹测试后的原始碳纳米管纤维的表面形貌，
纤维剪断前的初始拉伸应力为 167.9 MPa

所示)。纤维的拉伸断裂端部显示在图 3-7(f)中。需要特别注意的是，
从图 3-7(c)中可以看出，在纤维弯曲的拉伸面我们并没有看到明显的
拉伸破坏，而在纤维弯曲的压缩面，我们可以发现充分形成的折皱带和
细纹。对此现象的一个可能解释是，原始纤维中的碳纳米管之间主要是
通过较弱的范德华力来相互作用的。当纤维形成折皱时，处于折皱拉伸
面的碳纳米管束可以相互滑移，这样就有效地耗散了应变能，并最终阻
止了在纤维弯曲的拉伸面上纤维脆性断裂的发生。同时，在纤维弯曲的
压缩面上，由于碳纳米管束之间的结合力较弱，因此，弯曲的碳纳米管束
之间发生了脱粘，从而导致管束之间出现了裂纹。

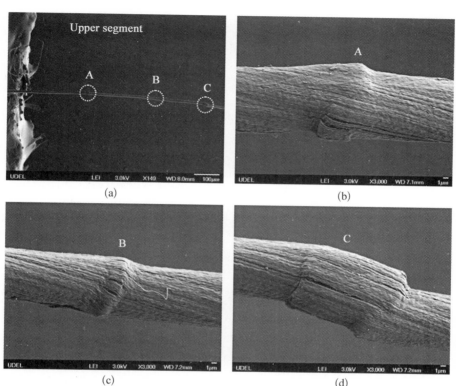

图 3-6　拉伸回弹测试后的原始碳纳米管纤维的表面形貌，
纤维剪断前的初始拉伸应力为 680.5 MPa

(a) 断裂纤维样品的上段全貌图；(b)、(c)、(d) 三个依次远离夹具端部的压缩破坏

基于以上对纤维压缩破坏形貌的微观观察，我们可以得出结论：原始碳纳米管纤维的回弹压缩破坏形式为是折皱模式。应该注意到，在拉伸回弹测试中，纤维样品的压缩破坏通常发生在离夹具较近的端部区域，而在远离夹具的纤维表面没有发生明显的破坏。例如，在图 3-7(e) 中(位置 D)可以观察到大量的折皱如"竹节"一样分布在纤维表面，但是，与在靠近夹具端部处观察到的纽结(图 3-7(a) 和图 3-7(b))相比，这种折皱的变形程度较小。此外，从图 3-7(a) 中的位置 D 到纤维的断裂端部位置 E 没有观察到明显的压缩破坏。正如 Allen[113] 在研究中所

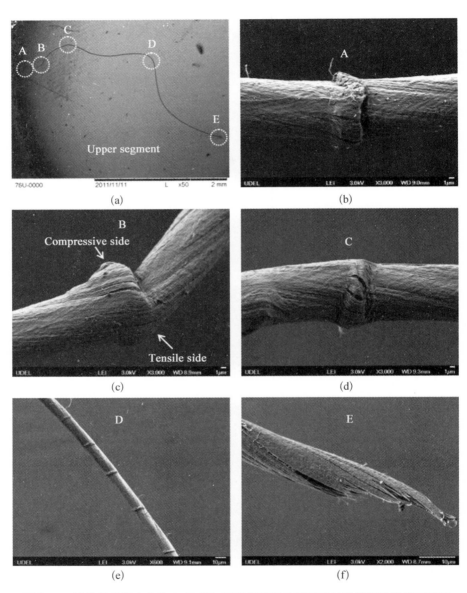

图 3-7　以拉伸破坏应力为 1.48 GPa 回弹压缩后的原始碳纳米管纤维的表面形貌

(a) 断裂纤维样品的上段全貌图；(b)—(e) 远离夹具端部的位置 A、B、C 及 D 的压缩破坏；(f) 纤维拉伸断裂的端部

总结的,压缩应力波是从夹具端部传向纤维自由端的。由于压缩破坏的产生需要耗散能量,因此,压缩应力波的强度随着继续传播不断减弱。所以,在距离夹具端部很远的位置处,压缩应力可能已减少到一个很低的水平,不足以造成任何进一步的损害。

　　图 3-8—图 3-10 显示了碳纳米管/环氧树脂复合纤维在不同的初始拉伸应力下回弹后的表面形貌。当初始拉伸应力较低时(476.4 MPa),在断裂纤维样品的上、下两段我们均未观察到纤维表面有明显的回弹破坏(图 3-8(a))。由于树脂的有效渗透,纤维的直径由之前的 10.5 μm (图 3-5(b))略微增加到 12.0 μm (图 3-8(b))。此外,从图 3-8(c)中可以看到,碳纳米管/环氧树脂复合纤维的断口也非常整齐。

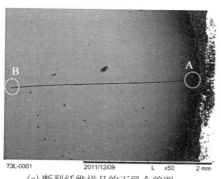

(a) 断裂纤维样品的下段全貌图

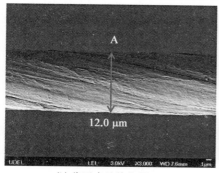

(b) 靠近夹具的位置

(c) 复合纤维被剪断的端部位置 B

图 3-8　以拉伸破坏应力为 476.4 MPa 回弹压缩后的碳纳米管/环氧树脂复合纤维的表面形貌

当在较高的初始拉伸应力下剪断复合纤维时(762.6 MPa),在断裂纤维的上、下两段均可以很清楚地看到在靠近夹具的纤维端部出现了压缩破坏。图 3 - 9(a)—图 3 - 9(c)显示了在纤维上段出现的压缩破坏。

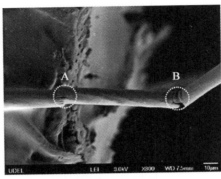

(a) 断裂纤维样品的上段全貌图

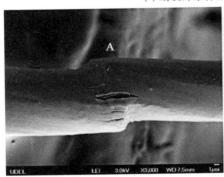

(b) 远离夹具的位置A   (c) 位置B的压缩破坏

图 3 - 9　以拉伸破坏应力为 762.6 MPa 回弹压缩后的碳纳米管/环氧树脂复合纤维的表面形貌

当不用剪刀而直接使复合纤维在轴向拉伸应力下断裂时,即当回弹应力达到纤维的拉伸断裂应力 1.85 GPa 时,样品的上段完全断裂,纤维下段只保留了很短的一截,其长度约为 400 μm(图 3 - 10(a))。从图 3 - 10(b)—图 3 - 10(d)中可以看出,复合纤维发生了严重的弯曲并且在弯曲的拉伸面出现了断裂。

在碳纳米管/环氧树脂复合纤维表面,拉伸破坏与压缩破坏同时存

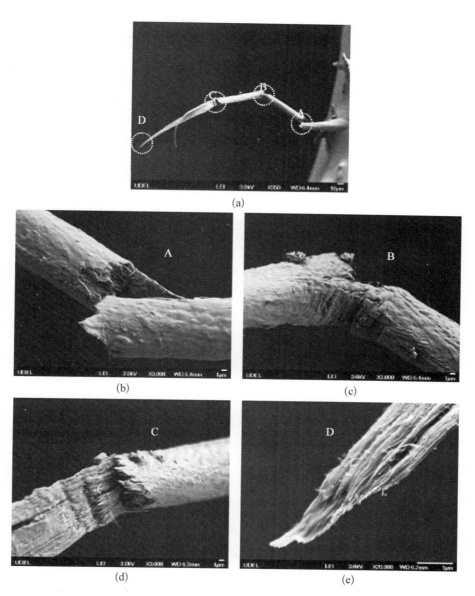

图 3 - 10　以拉伸破坏应力为 1. 85 GPa 回弹压缩后的碳纳米管/
环氧树脂复合纤维的表面形貌

(a) 断裂纤维样品的上段全貌图；(b)—(e) 远离夹具端部的位置 A、B、C 及 D 的压缩破坏

在,这种破坏模式与在低杨氏模量的沥青基碳纤维中出现的压缩破坏模式相类似[116]。与在原始碳纤维中出现的压缩破坏不同,在弯曲的复合纤维的拉伸面上观察到了拉伸裂纹(图3-9(c)、图3-10(b)、图3-10(c))。这可能是由于碳纳米管纤维是由大量碳纳米管聚集而成的,而在碳纳米管束之间存在大量的孔洞和空隙,使得环氧树脂可以渗透到管束之间的这些区域中。当树脂渗透并固化后,纤维中的碳纳米管通过环氧树脂被联结在一起,这便阻碍了碳纳米管之间的相互滑移,并使得纤维本身变脆,从而导致在纤维弯曲的拉伸面上形成了拉伸裂纹。此外,碳纳米管之间相互作用的增强也可以很好地抵制在复合纤维弯曲的压缩面上发生管束脱粘,这就阻止了在原始纤维弯曲的压缩面上观察到的裂纹的形成。

3.4　本　章　小　结

采用拉伸回弹测试研究了原始碳纳米管纤维与碳纳米管/环氧树脂复合纤维的耐压性能。当纤维被环氧树脂浸润后,碳纳米管/环氧树脂复合纤维的力学性能得到了很大提高,其中拉伸强度提高了26%,回弹耐压强度提高了38%。复合纤维力学性能的提高要归功于环氧树脂对纤维的有效渗透。树脂对纤维的渗透提高了界面粘结性能及荷载传递到碳纳米管的效率。此外,对纤维表面形貌的微观分析表明,折皱的产生是原始碳纳米管纤维发生压缩破坏的主要失效模式,而对碳纳米管/环氧树脂复合纤维来说,由于环氧树脂对纤维的浸润使得纤维的脆性提高,从而使得复合纤维展示出既有拉伸破坏也有压缩破坏的弯曲破坏模式。

在本研究中采用的拉伸回弹方法可能会过高估计了纤维的耐压强

度,这主要是基于以下两点考虑:首先,在将纤维粘在卡纸上的胶水下方,可能存在无法观察到的纤维压缩破坏[116];其次,在处于拉伸状态的纤维发生回弹的过程中,位于夹具端部的应力不能被全部反射,造成了一部分应变能量的损耗,从而导致了真实的回弹应力小于初始拉伸应力。此外,本研究测得的原始碳纳米管纤维的耐压强度只有其拉伸强度的三分之一。因此,基于碳纳米管纤维的压缩破坏机理,在今后提高碳纳米管纤维的压缩强度的工作中,我们应该着重于加强纤维中碳纳米管束之间的相互作用,并且通过对纤维表面进行处理来提高树脂对纤维的渗透程度。

　　本研究工作首次采用了拉伸回弹测试法研究了碳纳米管纤维的耐压性能,这拓宽了我们对碳纳米管纤维力学性能的认识面。此外,我们更进一步地了解了树脂渗透对单根纤维的耐压性能(耐压强度以及破坏机理)造成的影响,这对今后碳纳米管纤维在多功能复合材料中的应用至关重要。

第4章

碳纳米管纤维及碳纳米管/环氧树脂复合纤维应力松弛行为的研究

4.1 概　　述

　　自从碳纳米管连续纤维在 2000 年被成功制备出之后[7]，它们就引起了广泛的研究兴趣。现有的碳纳米管纤维的制备方法，如碳纳米管溶液纺丝法[7-9]，在基体上垂直生长的碳纳米管阵列纺丝法[4,10,11,50]，在化学气相沉积反应炉中制备的碳纳米管气溶胶纺丝法[13-15]以及碳纳米管薄膜缠绕纺丝法[16,17]等方法，得以将纳米尺寸的单根碳纳米管优异的力学、电学及热性能传递到具有微观尺寸的碳纳米管纤维中。近年来发表的几篇综述文章，详细总结了碳纳米管纤维的制备方法及其性能[6,92,108,119]。

　　作为一项基本的研究课题，碳纳米管纤维的力学性能，包括拉伸性能[120,121]、耐压性能[115,122]及碳纳米管纤维与树脂基体之间的界面性能[59,110]，已经引起了研究者的广泛兴趣。单纤准静态拉伸试验作为最常用的表征纤维力学性能的手段，已在研究中被广泛采用。现已报道的碳纳米管纤维最高的准静态拉伸强度和杨氏模量已分别高达 8.8 GPa

和 357 GPa[5]，这些数值已处于商用高性能碳纤维的力学性能范围之内，这使得碳纳米管纤维在多功能复合材料的应用方面已经成为最具潜力的增强材料。为了能对碳纳米管纤维的应用潜力有一个全面的评估并确定今后的研究需要，我们有必要将研究方向从利用准静态拉伸试验来表征碳纳米管纤维短期的力学性能转移到纤维长期的力学性能上。以下我们将简要介绍对碳纳米管纤维的长期力学性能进行研究的动机。

在之前采用拉伸回弹测试法测量碳纳米管纤维的耐压强度的研究中[122]，我们发现了一个有趣的实验现象。拉伸回弹测试法的基本原理是对纤维试样施加一个小于其拉伸断裂荷载的静态外力，并将纤维在该外力下保持不动，然后在纤维中部将其剪断，纤维便会受到回弹应力作用而发生压缩破坏。与传统纤维（如 Kevlar[113]和碳纤维[116]）的回弹压缩测试不同，对碳纳米管纤维加载并使其保持在预定的荷载水平是比较困难的。当将纤维保持在一个恒定的应变下时，荷载会逐渐下降。这种现象意味着碳纳米管纤维与传统高性能纤维的承载特性差异较大。由于连续纤维中的碳纳米管之间是通过范德华力作用聚集在一起的，因此纤维中的碳纳米管之间会发生滑移，这是碳纳米管连续纤维所有时间依赖性变形的主要来源。碳纳米管连续纤维时间依赖性变形行为的一个实例，是 Wu 等[118]在最近的研究工作中报道的在准静态循环加载试验中原始碳纳米管纤维电阻-应力的磁滞行为。此外，Ma 等[48]还报道了与碳纳米管复合纤维相关的时间依赖性变形行为的一个实例。通过采用动态力学测试，他们研究了聚乙烯醇/碳纳米管复合纤维的蠕变和蠕变恢复行为。以上这些行为与短纤维增强的聚合物基复合材料的性质相类似[96]。

在本研究中，我们全面探讨了影响碳纳米管纤维及环氧树脂渗透的碳纳米管复合纤维拉伸应力松弛行为的各种因素，包括纤维类型、初始应变、应变速率及测量长度。研究发现，初始应变值越大、应变速率越低、纤维测试长度越长，那么在碳纳米管纤维及其复合纤维中应力降低的速率就越高。深入理解碳纳米管纤维应力松弛机理对今后减少碳纳米管纤维的力学松弛行为非常必要。

4.2　实　验　部　分

4.2.1　碳纳米管纤维的制备

本研究采用的碳纳米管纤维,是通过对从可纺碳纳米管阵列中抽出并加捻的碳纳米管带状物进行纺丝得到的,纤维中的碳纳米管主要为直径约 6 nm 的双壁及三壁管。制备碳纳米管纤维的具体实验细节可见文献[53]。采用超微量天平(Ultra-microbalance,METTLER TOLEDO XP2U)称量纤维的质量。一根直径为 13 μm,长度为 100 mm 的碳纳米管纤维的质量为 10~30 μg,由此可以得到纤维的线密度为 0.1~0.3 tex(1 tex＝1 μg · mm^{-1})。碳纳米管纤维/环氧树脂复合纤维是采用浸湿技术制备的[93,122]。

4.2.2　单纤拉伸测试

单纤拉伸测试样品的制备方法可见文献[110]。采用岛津制作所生产的小型桌上试验机(Shimadzu EZ‐S testing machine)及 2 N 的载荷传感器对纤维进行了拉伸测试。每种纤维各测试了十个样品,拉伸速率设定为 5.5×10^{-4} s^{-1},样品的测试长度为 15 mm。采用激光散射法测量了样品的直径。

4.2.3　拉伸应力松弛测试

在拉伸应力松弛试验中的样品的制备方法与测试仪器均与准静态拉伸测试中的一致。采用在准静态拉伸测试中得到的原始碳纳米管纤维与复合纤维的极限应变值来作为参考应变值,以决定在松弛实验中所施加的预设应变的大小。为了研究初始应变、应变速率以及测试长度对碳纳米管纤维拉伸松弛行为的影响,对测量长度分别为 7 mm 及 15 mm 的纤维样品进行了测试,实验中初始应变值分别设为 0.5%、1.0%、1.5% 及 2.0%,拉伸速率分别设为 5.5×10^{-5} s^{-1}、5.5×10^{-4} s^{-1} 及 5.5×10^{-3} s^{-1}。当达到预设的初始应变后(ε_0),保持样品在此应变条件下不动,并采用数码相机监测并记录下使样品维持在该应变条件下所需的外力值(F),监测时间设为 1 h。为了比较碳纳米管纤维与碳纤维的松弛行为,对单根碳纤维样品也进行了测试。所有应力松弛实验都在室温下进行。在之前的研究工作中[110],我们采用了含有两个参数的韦伯分布模型,对同样来自中国科学院苏州纳米技术与纳米仿生研究所的碳纳米管纤维的力学强度进行了统计分析。结果表明,该纤维强度的分散性较小,这意味着纤维的质量较为稳定。因此,在本研究中,在每一个给定的实验条件下(拉伸速率、初始应变值以及纤维测试长度),我们分别对每种纤维的 5 个样品进行了测试,并且选定测试值最接近于 5 个样品平均值的那个样品来作为在每个给定实验条件下纤维测试的代表值,用于之后实验结果的分析。应力松弛的结果可表示为松弛前后的应力比 σ_t/σ_0(σ_t 为在给定的时间下测得的应变值,σ_0 为当达到初始应变时的最大应力值)与时间对数的关系图;或者可以表示为在特定时间下应力松弛模量($E_t = \sigma_t/\varepsilon_0$)与时间对数的关系图。计算应力时,假设在松弛测试中样品的横截面积保持不变。通过对数据的回归分析得到了最佳拟合直线,该直线的斜率即为所绘制关系图的斜率(在所有图中均定义为 S)。

4. 2. 4　原位拉曼测试

在对纤维样品施加荷载及松弛实验中,采用 LabRAM HR 高分辨显微拉曼光谱仪(Jobin-Yvon, Horiba Group, France)对样品进行了原位拉曼测试,该测试仪器采用了共聚焦显微镜与显微分光镜联用技术。在样品中激发拉曼散射的激光波长设为 632.81 nm,采用 100 倍物镜采集光谱,激光光斑大小约为 1 μm。激光功率调整为 2 mW 以避免高功率加热效应对采集光谱造成的影响。曝光时间定为 5 s,积累采集光谱的次数定为 3 次。在测试之前,采用硅衬底位于 520 cm^{-1} 处的峰对仪器进行校正。在光学显微镜下采用拉伸测试台(Ernest F. Fullam)对碳纳米管纤维进行拉伸变形测试(图 4-1(a)和图 4-1(b)),拉伸速率设为2.3 mm·min^{-1}。对从光谱仪得到的原始数据进行罗伦兹拟合来得到光谱峰值。

(a) 将一根纯碳纳米管纤维试样固定在位于卡纸中间的矩形窗口两端,并将卡纸固定在拉伸测试台(Ernest F.Fullam)上　(b) 将拉伸测试台放置于高分辨显微拉曼光谱仪的100倍物镜下,在拉伸测试中对纤维进行原位拉曼表征

图 4-1

4.3 结 果 与 讨 论

4.3.1 碳纳米管纤维的拉伸性能

碳纳米管纤维在环氧树脂浸润前后的拉伸应力-应变曲线如图4-2所示。为了便于比较,我们还对一根直径为 7 μm 的碳纤维(T-300)试

样进行了拉伸测试。从图 4－2 可以看出,尽管碳纤维的拉伸强度与杨氏模量均高于碳纳米管纤维的相应值,但是原始碳纳米管纤维与碳纳米管/环氧树脂复合纤维的断裂伸长率均高于碳纤维的相应值。由于树脂的浸润,碳纳米管纤维的直径从 13 μm 增大到 14 μm,拉伸强度由0.8 GPa提高到 1.2 GPa,杨氏模量由 44 GPa 提高到 62 GPa,同时拉伸断裂延伸率由 2.5％降低为 2.2％。碳纳米管/环氧树脂复合纤维力学性能的提高要归功于环氧树脂对原始碳纳米管纤维中存在的空隙的有效渗透,这一结论已被我们之前研究中的显微图片证实[122]。但是,应该注意到,本研究中测试的碳纳米管纤维的拉伸强度以及杨氏模量要低于我们之前研究中测试的纤维的相应值[110,122],这可能是由于本研究中测试的纤维的直径较大,纤维测试长度较长的缘故。

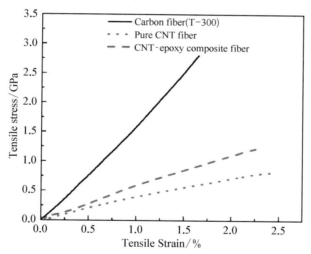

图 4－2　碳纤维、原始碳纳米管纤维以及碳纳米管/环氧树脂
复合纤维的代表性拉伸应力-应变曲线

　　碳纳米管/环氧树脂复合纤维力学性能的提高意味着经环氧树脂渗透后,纤维中碳纳米管之间荷载传递效率的提高,这一结论进一步由纤维变形过程中的原位拉曼表征证实。图 4－3 显示了一根原始碳纳米管纤维与一根碳纳米管/环氧树脂复合纤维在形变下的拉曼 G′ 谱带。两个样品拉曼谱带的主要特征均为峰位下滑以及峰形加宽。G′ 谱带峰位的下滑是由于碳-碳键被拉长造成的[123,124]。两种纤维样品拉曼峰位的变化总结于图 4-4 中。在其他研究碳纳米管纤维的工作中[16,48]，G′ 谱带峰位的下滑在小形变与大形变条件下表现出两个不同的阶段；而在本研究中，G′ 谱带峰位的下滑随着拉伸形变的增加表现出单一增长，原始碳纳米管纤维与复合纤维的 G′ 谱带峰位的下滑速率分别为 $5.07 \text{ cm}^{-1}/\%$ 和 $8.51 \text{ cm}^{-1}/\%$。复合纤维 G′ 谱带峰位下滑速率的提高可能是由于在原始碳纳米管纤维中引入环氧树脂后，应变传递效率的提高引起的。这意味着与在原始纤维中相比，在复合纤维中的碳纳米管能够在一给定的宏观应变下承载更多的外力。应该注意到，本研究中所测纤维 G′ 谱带峰位的下滑速率与其他研究中报道的相应值不同[16,48,125]，这很可能是

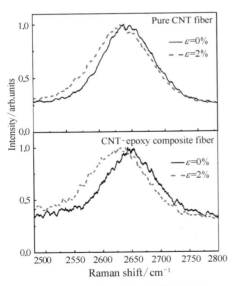

图 4-3　一根原始碳纳米管纤维与一根碳纳米管/环氧树脂复合纤维在拉伸形变分别为 0% 和 2% 时的拉曼 G′ 谱带

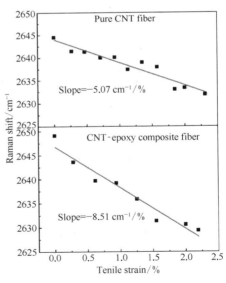

图 4-4　一根原始碳纳米管纤维与一根碳纳米管/环氧树脂复合纤维在拉伸形变中，G′ 谱带峰位随拉伸应变增大而变化的位移图

由所测试的碳纳米管纤维在组成与结构上的差异造成的。

4.3.2　多种纤维应力松弛行为的比较

采用恒定的拉伸应变速率 $5.5×10^{-4}$ s^{-1} 将碳纤维、原始碳纳米管纤维以及碳纳米管/环氧树脂复合纤维样品拉伸至初始应变 1.0%,它们的应力松弛数据绘制在图 4-5 中。从图 4-5(a)所示的外力-时间曲线可以看出,碳纤维试样所承受的荷载在 1 h 之后几乎保持不变。而对于原始碳纳米管纤维来说,在应力松弛过程开始的 4 min 之内,荷载有明显的下降。将碳纤维试样及碳纳米管纤维试样在恒定初始应变下保持 18 h 后,前者所承受的荷载只降低了 5.4%,而后者所承受的荷载降低了 32%。碳纤维与碳纳米管纤维所表现出的截然不同的松弛行为是它们结构差异的反映。与碳纤维的密实结构不同,一根碳纳米管纤维是由很多碳纳米管依靠较弱的范德华力、有限的机械连锁作用以及摩擦力集结在一起形成的[121]。当碳纳米管纤维被拉伸并保持在一恒定应变下时,纤维中的碳纳米管束之间便会发生滑移。这种滑移是一种依赖于时间和外力的行为,因此会引起纤维所承受荷载的逐渐下降。图 4-5(b)显示了在应力松弛实验中三种纤维样品松弛前后的应力比 σ_t/σ_0 与时间的关系曲线。从该图中可以注意到,尽管在同一初始应变下保持 1 h 之后,复合纤维中保留的荷载要高于原始碳纳米管纤维的相应值,但是复合纤维的应力松弛速率(由曲线的斜率表示)却比原始碳纳米管纤维的相应值要高。在之前对碳纳米管纤维与聚合物树脂之间界面性能的研究中[59,110],我们得到了碳纳米管/环氧树脂界面开始发生滑移的临界界面剪切强度只有 $12\sim20$ MPa,这意味着碳纳米管与环氧树脂基体之间的相互作用较弱。而当复合纤维被拉伸至 1% 的初始应变时,可以计算出纤维所承受的初始应力为 400 MPa。因此,对于在试验中观察到的复合纤维应力松弛速率的提高,一个可能的原因是在松弛过程中,除

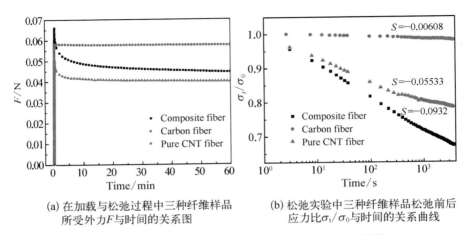

(a) 在加载与松弛过程中三种纤维样品
所受外力F与时间的关系图

(b) 松弛实验中三种纤维样品松弛前后
应力比σ_t/σ_0与时间的关系曲线

图 4 - 5 碳纤维、原始碳纳米管纤维与碳纳米管/环氧树脂
复合纤维应力松弛行为的比较

了纤维中的碳纳米管束之间会发生滑移,碳纳米管/环氧树脂界面之间
也可能存在滑移现象。

4.3.3 纤维应力松弛行为的影响因素

1) 初始应变大小

图 4 - 6 显示了在应力松弛试验中,碳纳米管纤维及其复合纤维在
不同的初始应变条件下的外力(F)与应力松弛模量(E_t)对时间的关系
图。初始应变的设定值为:0.5%、1.0%、1.5%和2.0%,拉伸速率始终
保持恒定值 5.5×10^{-4} s^{-1}。当纤维试样拉伸至每一个初始应变时,与
原始碳纳米管纤维相比,碳纳米管/环氧树脂复合纤维试样承受的初始
荷载较大;当纤维在每一个初始应变条件下保持 1 h 后,复合纤维中保
留的荷载也高于原始碳纳米管纤维的相应值(图 4 - 6(a)和(b))。此
外,从图 4 - 6(c)中可以明显看出,原始碳纳米管纤维的应力松弛速率随
着初始应变的增大而逐渐增大。在较高的初始应变条件下观察到的较
高的松弛速率可能是由于纤维中碳纳米管束之间的不可逆滑移引起的

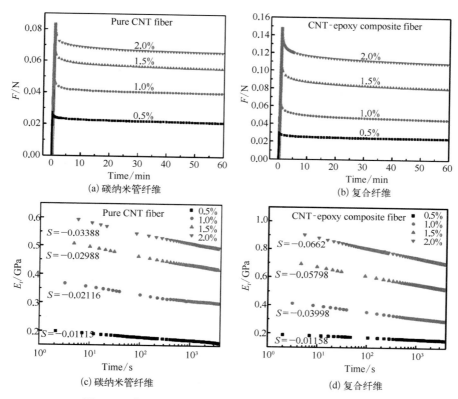

图 4 - 6　初始应变水平对碳纳米管纤维松弛行为的影响

(a) 碳纳米管纤维和 (b) 复合纤维在不同的初始应变条件下的加载和松弛过程中外力与时间的关系曲线；(c) 碳纳米管纤维及 (d) 复合纤维在不同的初始应变条件下的应力松弛模量 (E_t) 对时间的关系图

大量的永久变形造成的。在复合纤维中我们观察到了类似的松弛速率随着初始应变水平的变化规律（图 4 - 6(d)）。

2）应变速率

为了研究拉伸应变速率对碳纳米管纤维松弛行为的影响，我们采用两种不同的拉伸应变速率，分别为 5.5×10^{-5} s^{-1} 和 5.5×10^{-3} s^{-1}，将原始碳纳米管纤维与复合纤维样品拉伸至同一初始应变水平 1.0%。当对试样施加较高的应变速率时，两种纤维的初始拉伸应力与杨氏模量都较高（图 4 - 7(a) 及 (b)）。从图 4 - 7(c) 及 (d) 中所示的曲线的斜率我们可以发现,应力松弛速率与拉伸应变速率成反比例关系。尽管在图4-7中显示的在两种拉伸应变速率下纤维试样测试结果的差异并不十分显著,但是在每一种纤维的五个样品的测试中,我们都观察到了在较低的应变速率下纤维试样测试曲线的斜率较大,即松弛速率较高。这一现象很可能是由于当以较低的拉伸应变速率加载纤维试样时,纤维中的碳纳米管束之间便有足够的时间发生相互滑移并沿着拉伸方向调整它们的排列,从而使纤维发生不可逆的变形;而当以较高的拉伸应变速率加载纤维试样时,纤维发生的大部分变形都是弹性可逆的。因此,在松

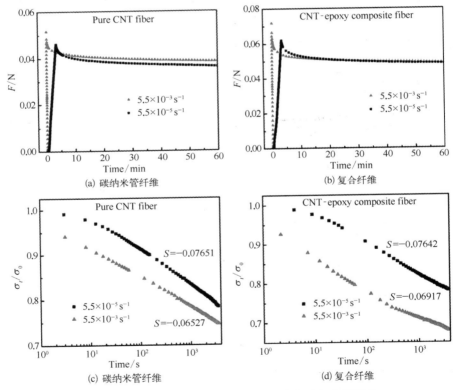

图 4-7　拉伸应变速率对碳纳米管纤维松弛行为的影响

(a) 碳纳米管纤维和(b) 复合纤维在不同的拉伸应变速率下的加载和松弛过程中外力与时间的关系曲线;(c) 碳纳米管纤维及(d) 复合纤维在不同的应变速率下松弛前后的应力比 σ_t/σ_0 与时间的关系曲线

弛过程中纤维会发生部分弹性回复，从而导致松弛速率的降低。

3）纤维测试长度

为了研究纤维测试长度对纤维应力松弛行为的影响，我们采用了两种纤维测试长度，即 7 mm 和 15 mm。所有试样均以 5.5×10^{-4} s^{-1} 的拉伸应变速率拉伸至初始应变值 1.0%。图 4-8 显示了对于碳纳米管纤维与复合纤维来说，测试长度越长，纤维的初始外力与初始应力松弛模量就越大。当纤维试样在初始应力下保持 1 h 后，测试长度较长的纤维试样保留的应力松弛模量仍然要高于测试长度较短的纤维试样。从

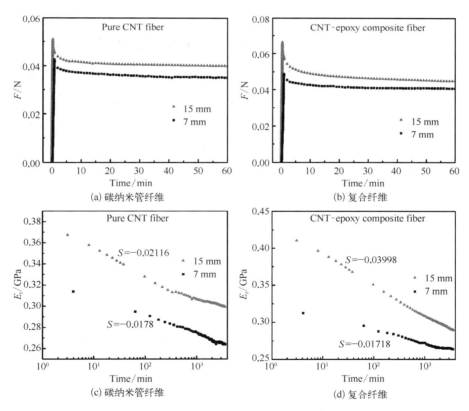

图 4-8　纤维测试长度对纤维应力松弛行为的影响

不同测试长度的(a) 碳纳米管纤维和(b) 复合纤维，在加载和松弛过程中外力与时间的关系曲线；(c) 碳纳米管纤维及(d) 复合纤维的应力松弛模量(E_t)对时间的关系图

图 4-8(c)及(d)可以看出,与测试长度为 7 mm 的纤维试样相比,测试长度为 15 mm 的纤维试样展示出较高的松弛速率。对于碳纳米管/环氧树脂复合纤维来说,这种依赖于测试长度的行为表现得更加明显(图4-8(d))。这种现象与在传统先进纤维中所观察到的尺寸效应相一致[96]。在测试长度较长的纤维试样中,缺陷存在的几率也较高,这会引起纤维中应力大量集中在这些缺陷处,从而导致纤维在较大程度上发生不可逆变形并造成应力松弛速率的提高。

4.3.4 原位拉曼对纤维拉伸应力传递及应力松弛的研究

为了研究碳纳米管纤维在松弛实验中表现出来的应力下降的机理,我们在纤维松弛实验中采用了原位拉曼测试。将一个原始碳纳米管纤维试样拉伸至初始应变 1.67% 后,在该应变条件下保持 16 h,然后将试样拉伸至断裂。在松弛实验中拉曼 G′ 谱带峰位的变化如图4-9所示。与期望的结果相符,当试样拉伸至初始应变 1.67% 时,G′ 谱带峰向低峰位方向移动。这种峰位的变化一直持续到纤维在拉伸应变 2.3% 处发

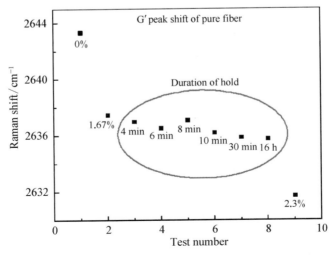

图 4-9 原始碳纳米管纤维中 G′ 谱带峰位在纤维加载及其松弛过程中的变化

生断裂为止,这表明纤维中的碳纳米管在外力下发生了变形。但是在松弛过程中,G'谱带峰位随着松弛时间的增加并没有发生明显的变化。由于拉曼散射对由力学拉伸造成的原子间距离的变化比较敏感[123,124],因此,在原位拉曼表征中观察到的 G'谱带峰位无明显变化的现象表明,在松弛实验中观察到的碳纳米管纤维的应力松弛行为很可能是纤维中的碳纳米管束发生滑移引起的。

4.3.5 纤维应力松弛行为的拟合模型

采用拉伸指数函数来模拟碳纳米管纤维的松弛行为。该函数的数学表达式如以下方程所示[126]:

$$E(t) = (E_0 - E_\infty)\mathrm{e}^{-\left(\frac{t}{\tau}\right)^k} + E_\infty \, (0 < k < 1) \qquad (4-1)$$

该方程式显示了拉伸应力松弛模量 $E(t)$ 与松弛过程中时间 t 的关系。在这个方程中一共有四个参数,分别是:初始拉伸模量 E_0,平衡拉伸松弛模量 E_∞,松弛时间 τ 以及分布参数 k。图 4-10 显示了原始碳纳米管纤维与碳纳米管/环氧树脂复合纤维在不同的初始应变条件下的应力松弛曲线(虚线)及采用拉伸指数函数来模拟纤维松弛行为的预测曲线(实线)。对于碳纳米管纤维及其复合纤维来说,在所有的初始应变条件下,k 值大约为 0.40。因此,我们在所有的模拟过程中都采用了 $k=$ 0.40。从图 4-10 中可以看出,拉伸指数函数与碳纳米管纤维及其复合纤维的应力松弛的实验数据相当吻合。应力松弛模型的各个参数值列于表 4-1 中。从该表中可以看到,对于碳纳米管纤维以及复合纤维来说,在每一个初始应变条件下,采用拉伸指数函数模拟出的初始拉伸模量 E_0 值与实验数据几乎相等。此外,在除了初始应变为 0.5% 的其他应变条件下,与原始碳纳米管纤维相比,复合纤维的松弛时间较长,其所保留的平衡模量也较高。

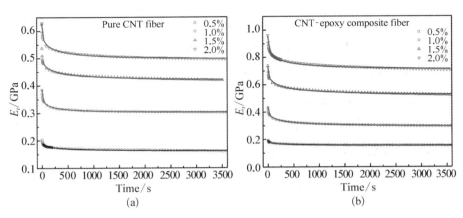

图 4-10 原始碳纳米管纤维

（a）与碳纳米管/环氧树脂复合纤维（b）在不同的初始应变条件下的应力松弛曲线（虚线）及采用拉伸指数函数来模拟纤维松弛行为的预测曲线（实线）

表 4-1 采用拉伸指数函数来模拟原始碳纳米管纤维与碳纳米管/环氧树脂复合纤维应力松弛行为的各个参数值

Initial strain	$E_0 - E_\infty$/GPa		τ /s		E_0/GPa		E_∞/GPa	
	Pure	Composite	Pure	Composite	Pure	Composite	Pure	Composite
0.5%	0.04	0.04	251.6	290.5	0.20	0.19	0.16	0.15
1.0%	0.08	0.14	86.7	196.7	0.38	0.43	0.30	0.33
1.5%	0.11	0.21	205.5	212.1	0.52	0.72	0.41	0.51
2.0%	0.13	0.25	135.4	150.4	0.62	0.95	0.49	0.70

4.4 本 章 小 结

　　本研究全面探讨了影响碳纳米管纤维及环氧树脂渗透的碳纳米管复合纤维拉伸应力松弛行为的各种因素，包括纤维类型、初始应变、应变速率及测量长度。主要结论如下：

（1）在松弛实验中,原始碳纳米管纤维及碳纳米管/环氧树脂复合纤维都表现出了较大的应力下降,而在碳纤维中却没有观察到应力松弛行为。

（2）对于原始碳纳米管纤维及碳纳米管/环氧树脂复合纤维来说,初始应变水平越高,拉伸应变速率越小,纤维测试长度越长,应力下降的速率就越快。

（3）由于在碳纳米管/环氧树脂复合纤维中不仅存在界面滑移,还伴有碳纳米管束之间的滑移,因此与原始碳纳米管相比,在相同的初始应变条件下,复合纤维的应力松弛速率较高;而当在一个初始应变条件下保持 1 h 之后,复合纤维中保留的应力松弛模量要高于原始碳纳米管纤维的相应值。

基于碳纳米管纤维的应力松弛的机理,本研究提出了在今后的研究工作中,为了减少碳纳米管纤维的松弛行为,我们应着重于加强原始碳纳米管纤维中碳纳米管束之间的相互作用;在复合纤维中提高树脂对纤维的渗透程度以及加强碳纳米管束与树脂基体的界面粘结强度。本研究展示了在一个恒定应变下研究碳纳米管纤维的拉伸应力松弛行为。这种具有时间依赖性的行为对碳纳米管纤维在多功能复合材料应用中的长期耐久性具有重大意义。

第 5 章
基于碳纳米管纤维的可伸展导体薄膜的制备及其性能研究

5.1 概　　述

　　具有可伸展、可弯曲、可扭转和可折叠性能的柔性电子器件为用户提供了很多功能并开放了许多新的应用。这些应用和功能包括从可拉伸显示屏[127]和光电转换器[128]，到皮肤传感器[129]和电子眼球照相机[130]。近年来，一个广为采用的用来制备可伸展导体的方法是先将一种弹性基体预先拉伸至一预设应变，该弹性基体上涂有一层导电材料，然后通过释放该弹性基体的预应变使位于其之上的导电材料形成一种波浪状或折皱结构[131,132]，该导电材料可以是硅薄膜[133]、硅纳米线[134]和碳纳米管[135]。这种制备方法的基本原理是非常简单的，所形成的波浪状或折皱结构可以通过简单地增加折皱波长和降低折皱振幅来吸收施加的应变，从而避免在其柔性结构中引入较大应变。

　　碳纳米管因其具有很高的力学性能和优异的电学性能而成为一种制备可伸展导体的潜在材料[136]。到目前为止，位于不同层次结构水平的碳纳米管组件已被用来制备基于碳纳米管的柔性导体。在三维水平上,研究者将单壁碳纳米管和离子液体分散在含氟共聚物基体中,制备出了类似于橡胶的导电复合材料。该复合材料显示出了较高的电导率和优良的延展性[137]。然而,这种制备方法较为复杂,并且这种类似于橡胶的复合材料在拉伸时其电导率会发生下降。在二维水平上,将由随机取向的碳纳米管组成的碳纳米管薄膜和从垂直生长的碳纳米管阵列中抽丝形成的定向碳纳米管带状物放置于或嵌入聚二甲基硅氧烷(PDMS),即硅橡胶的表面或内部,以制备可伸展导体[138-142]。然而,这些可伸展导体的电阻只有在完成几个拉伸-回复循环周期之后才会趋于稳定。

　　碳纳米管连续纤维是碳纳米管组装在一维水平的宏观结构。这种纤维结构可以保留单根碳纳米管优异的性能,近年来已经引起了业界浓厚的研究兴趣[6,107,143]。碳纳米管纤维可以通过从碳纳米管溶液[7]、碳纳米管气溶胶[14]以及碳纳米管阵列[89]中连续纺丝而制得。由于其高度密实的一维结构,碳纳米管纤维是一种在电子、传感和导线应用方面具有巨大潜力的新型电子材料[52]。在本研究中,我们采用了一种简单的预拉伸-折皱法(prestraining-then-buckling)来制备基于折皱的碳纳米管纤维的可伸展导体。在碳纳米管纤维被转移到预拉伸的基体之前,先通过浸涂法在碳纳米管纤维表面涂覆一层很薄的硅橡胶液体,以增强纤维和硅橡胶基体之间的界面粘结强度,从而促使纤维发生折皱。将纤维表面的硅橡胶液体固化后,释放基体中的预应变使其回复到初始长度,碳纳米管纤维便会发生侧向折皱。与碳纳米管纤维不同的是,当将 T300 碳纤维与同样的预拉伸的基体相粘结并释放基体中的预应变后,碳纤维便断裂成很多小段。这是由于碳纤维的弯曲模量要远远高于碳纳米管纤维的相应值。最后,通过在已发生折皱的碳纳米管纤维表面再涂覆一层很薄的硅橡胶,我们制备出了一个基于碳纳米管纤维的可伸展导体。该碳纳米管纤维/硅橡胶复合薄膜的电阻在预拉伸应变为 40％的多次拉伸-回复循环测试下的变化率仅有 1％。

5.2 实 验 部 分

5.2.1 碳纳米管纤维及硅橡胶基体的制备

本研究采用的碳纳米管纤维是通过对从可纺碳纳米管阵列中抽出并加捻的碳纳米管带状物进行纺丝得到的,纤维中的碳纳米管主要为直径约 6 nm 的双壁及三壁管。制备碳纳米管纤维的具体实验细节可见文献[53]。聚二甲基硅甲烷(PDMS),即硅橡胶基体是通过将硅橡胶弹性树脂与固化剂(Sylgard 184,Dow Corning)按照质量比为 10∶1 混合制备的。首先将该混合物在真空烘箱中脱泡,然后将其倒在一个玻璃基片上使其均匀铺平,随后在 100℃下固化 1 h 使其成型,所制得的硅橡胶薄膜的厚度介于 0.4~0.5 mm 之间。将该薄膜裁剪成数块尺寸为 13 mm×80 mm的矩形片,以备之后实验所用。

5.2.2 薄膜导体的电性能测试

将制得的碳纳米管纤维/硅橡胶复合薄膜固定在一个微应变装置上,对其进行反复拉伸和回复循环测试。采用四点测量法,利用吉时利纳伏表(Keithley 2182A Nanovoltmeter)与吉时利电源电表(Keithley 6430 Sub Femtoamp Remote Sourcemeter)对复合薄膜在循环测试中的电阻进行实时测量。

5.3 结果与讨论

5.3.1 碳纳米管纤维的力学性能

图 5 - 1(a)显示了在扫描电镜(JSM - 7400F)下观察到的一根碳纳米管纤维的表面形貌。从图中可以看到,该纤维段的直径较为均一,约

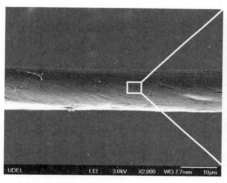 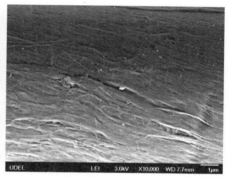

(a)一根碳纳米管纤维在扫描电镜下的 表面形貌

(b)纤维局部表面(图(a)方框所示区域) 的放大图

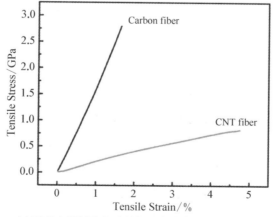

(c)碳纳米管纤维和碳纤维具有的拉伸应力-应变曲线

图 5 - 1

为 13 μm。图 5-1(b)是纤维局部表面的放大图,可以看到,碳纳米管束呈紧密排列,这是由于在纺丝过程中引入了乙醇的致密化处理。碳纳米管纤维具有代表性的拉伸应力-应变曲线显示在图 5-1(c)中。为了便于比较,我们对一根直径约为 7 μm 的 T-300 碳纤维试样也进行了拉伸测试。测试结果表明,碳纤维比碳纳米管纤维的强度更强,杨氏模量更高,而碳纳米管纤维的断裂伸长率却比碳纤维的相应值要高。两种纤维所表现出来的在力学性能方面的差异对它们在之后试验中的表现起着至关重要的作用。通过对 10 个碳纳米管纤维试样进行拉伸测试,我们得到了本研究中采用的碳纳米管纤维的平均拉伸强度为(0.82$\pm$0.06)GPa,杨氏模量为(21.0$\pm$1.8)GPa,断裂伸长率为 4.65%$\pm$0.20%。

5.3.2　碳纳米管纤维可伸展导体薄膜的制备

与定向排列的碳纳米管带状物和无规取向的碳纳米管薄膜不同,碳纳米管连续纤维的一维取向结构使其与硅橡胶基体之间的总界面接触面积较小,因此纤维不能与已固化的硅橡胶基体形成较强的界面粘结,从而使得碳纳米管纤维很难能够像其他导电材料一样,如硅纳米带和纳米线[133,134]、碳纳米管带状物和薄膜[138-141]类似的系统中,自发地形成一种周期性波浪形的折皱。因此,为了促使碳纳米管纤维形成折皱,有必要采用一种粘合剂以增强纤维与基体之间的界面粘结。在本研究中,我们将处于未固化状态的液态硅橡胶(将基体与固化剂按照质量比为10:1混合而成)作为这种粘合剂的最佳选择,这主要是基于以下两点来考虑的:首先,液态硅橡胶在室温时的黏度较大,且固化后足以将碳纳米管纤维牢牢固定在基体表面;其次,由于液体硅橡胶在固化后能够与硅橡胶基体整合为一体,因此没有外来杂质引入到整个样品中。

图 5-2 显示了基于具有折皱结构的碳纳米管纤维的柔性复合材料的制备过程示意图。为了简化模型系统,我们在本研究中选用了 5 根长

度均为 60 mm 的碳纳米管纤维作为演示实验。首先将 5 根碳纳米管纤维平行排列在一块载玻片上，纤维端部采用两个胶带条固定，并保持相邻两根纤维之间的距离约为 1.5 mm。然后，用镊子夹住两端的胶带条，将排列好的纤维浸润到预先脱泡好的硅橡胶液体中。值得注意的是，由于纤维的端部要用于之后的电极制备，因此应避免将硅橡胶液体涂覆到纤维的两个端部上。当纤维在室温下被硅橡胶液体浸润 30 s 之后，将表面被一层较薄的液体硅橡胶包覆的纤维转移到一个由初始长度 L 拉伸至长度为 $L+\Delta L$ 的硅橡胶基体表面。将整个样品在烘箱中处于 100℃下固化 1 h。当使预拉伸的硅橡胶基体回复至初始长度后，其表面的纤维便由于受到压缩外力而形成折皱。采用两个薄铜片作为电极，并用银胶使其粘在形成折皱的纤维端部。之后再在纤维表面涂覆一层薄薄的未固化的硅橡胶液体，完成整个样品的封装。将整个试样在烘箱中处于 100℃下固化 1 h 后，碳纳米管纤维便夹在上、下两层固化的硅橡胶之间。

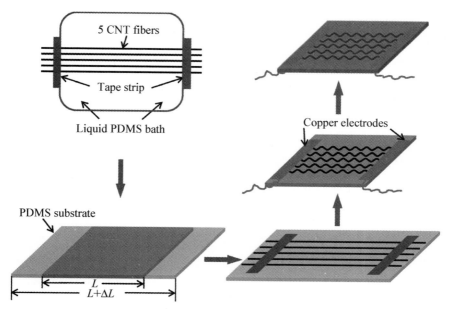

图 5-2 夹在硅橡胶基体之间的碳纳米管折皱结构的制备过程示意图

5.3.3　碳纳米管纤维的折皱行为

图 5-3 所示是在扫描电镜下观察到的一根形成折皱的碳纳米管纤维不同放大倍数的表面形貌图。从图 5-3(a)可以看到,该纤维形成了大量的折皱。这些折皱是由于将整个纤维/基体试样从预拉伸状态回复至基体初始长度时纤维受到压缩外力形成的。这种折皱变形行为是碳纳米管纤维的一种典型的压缩破坏模式,这种破坏机理已在我们研究小组之前的研究工作中详细讨论过[118,122]。在图 5-3(a)中还可以观察到,纤维上方的基体表面有部分的硅橡胶残留。在将表面涂覆有一层硅橡胶液体的纤维转移到基体表面的过程中,为了使得纤维在基体表面成直线排列,需要多次调整纤维位置。在调整的过程中,纤维与基体相接触的初始位置处便会有部分硅橡胶液体残留在基体表面。从图 5-3(b)中可以看到,碳纳米管纤维的折皱变形为折线状,这与在其他类似的系统中观察到的导体材料成正弦曲线的变形完全不同[133-135,138-141]。这种变形的差异是由于碳纳米管纤维与其他导电材料的变形机理不同引起的。有些导电材料(如硅纳米线和硅橡胶)的结构是密实而连续的,这种结构可以在拉伸与回复外力下发生弹性形变;而碳纳米管纤维的微观结构是大量碳纳米管束依靠较弱的范德华力而聚集形成的一种网络结构。因此,在这些碳纳米管束之间很容易发生滑移,并且这种相互滑移通常被认为是不可逆的塑性变形。当将整个纤维/基体装置重新拉伸至预应变条件下时,形成折皱的碳纳米管纤维再一次被拉直,但是在纤维上仍可看见之前形成的折皱带。应该注意到,由于在碳纳米管纤维中的碳纳米管束之间存在大量的空隙和孔洞,因此当将纤维浸没在硅橡胶液体中时,硅橡胶便会很容易地渗透到碳纳米管束之间的空隙中。因此,在我们今后的研究工作中,为了建立一个理论模型来表征碳纳米管纤维形成折皱的机理,我们需要对纤维中碳纳米管束之间的相互滑移以及液

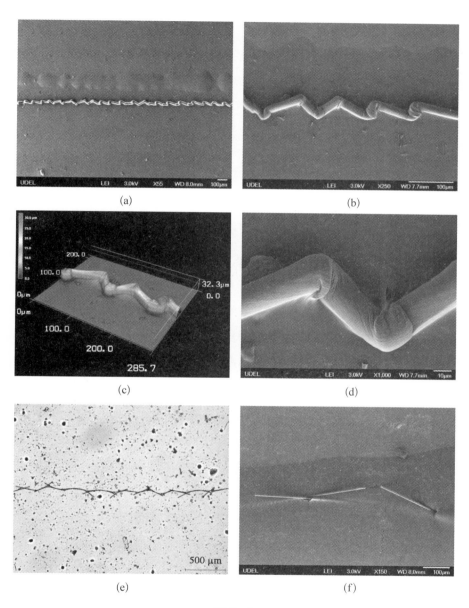

图 5‐3

（a）、（b）一根形成折皱的碳纳米管纤维的低倍率扫描电镜图；（c）在三维激光扫描
显微镜下观察到的形成折皱的碳纳米管纤维的彩色三维图；（d）在高倍率电镜下的
纤维折皱；（e）将基体中的预应变释放后，与基体表面相黏的一根碳纤维的光学显
微图；（f）碳纤维发生断裂后的扫描电镜图

体硅橡胶对纤维的渗透程度进行仔细地研究和探讨。

图 5 - 3(c)是在三维激光扫描显微镜（VK - X200，Keyence）下观察到的形成折皱的碳纳米管纤维的彩色三维图。该图进一步证实了碳纳米管纤维的侧向折皱变形。从该图中可以看到，碳纳米管纤维形成折皱之后，高度介于 $20\sim30~\mu m$ 之间，这一数值要高于纤维本身的直径（$13~\mu m$）。碳纳米管纤维的高度增加很可能是在纤维表面涂覆的硅橡胶层导致的。在高倍率电镜下观察纤维中的两个折皱（图 5 - 3(d)），我们可以清楚地看到，在纤维形成折皱的拉伸面上，纤维无明显的断裂破坏，碳纳米管束发生弯曲引起中性面向外移动，这种形变有效地减少了纤维在拉伸面上的应力。在由气溶胶纺丝形成的碳纳米管纤维被弯曲的过程中研究者也同样观察到了这种现象[45]。除此之外，形成折皱的碳纳米管纤维能够在拉伸—回复循环条件下发生交替拉直和弯曲，且无明显的永久性破坏和断裂。碳纳米管纤维在形成折皱后所展示出来的这种优良的结构稳定性和可反复变形特性，对于纤维在循环荷载作用下保持稳定的电导性能以及对于基于碳纳米管纤维的可伸展导体的性能是至关重要的。

由于一根碳纤维的电导率（$6.34\times10^4~S\cdot m^{-1}$）与本研究中一根碳纳米管纤维的电导率（$4.75\times10^4~S\cdot m^{-1}$）相当，因此我们采用了在图 5 - 2 中显示的与制备碳纳米管纤维/硅橡胶薄膜相同的方法制备了基于一根碳纤维的复合薄膜。基体的预拉伸应变同样设置为 40%。但是，采用浸润法将碳纤维与硅橡胶基体粘结是非常困难的，这是因为碳纤维与硅橡胶基体之间的界面粘结强度较弱。当预拉伸基体回复至初始长度后，碳纤维很容易在基体表面发生滑移。因此，为了提高碳纤维与硅橡胶基体之间的界面粘结强度，我们首先使碳纤维排列在基体上，然后再将硅橡胶微滴滴在纤维表面。图 5 - 3(e)所示是将基体中的预应变释放后，与基体表面相粘的一根碳纤维的光学显微图。从该图中可以看到,与碳纳米管纤维发生弯曲变形的行为不同,这根碳纤维断裂成了很多小段。除此之外,通过比较图 5-3(b)和图 5-3(e),我们可以看到,碳纳米管纤维发生折皱的"波长"和"振幅"均要低于碳纤维的相应值。图 5-3(f)所示的碳纤维的电镜显微图像进一步反映出了碳纤维易于发生脆性断裂的特性。

从以上的分析我们可以看到,两种纤维在受到压缩外力后的反映截然不同。这种差异是由于与碳纤维相比,碳纳米管纤维具有较低的弯曲模量。由于碳纳米管纤维的微观结构是由碳纳米管束形成一种网络结构,因此它易于在压缩外力下发生弯曲;与之不同,碳纤维较为密实的结构使其在压缩外力下不易发生弯曲变形。碳纳米管纤维这种较好的弯曲性能也被 Vilatela 等研究学者所报道[45]。在本研究中,当基体的预拉伸应变设置为 100%,并且在碳纳米管纤维表面涂覆一层较厚的液体硅橡胶以提高碳纳米管纤维与基体之间的界面粘结强度后,碳纳米管纤维仍然能够保持较好的弯曲性能,形成"波长"与"振幅"更小的折皱而不发生断裂。

5.3.4　可拉伸导体薄膜的电性能

碳纳米管纤维所展示出来的优异的弯曲性能是制备基于形成折皱的碳纳米管纤维的可伸展导体的一个重要前提。图 5-4(a)显示了一个含有五根形成折皱的、夹在上下两层硅橡胶之间的碳纳米管纤维可伸展导体。从图中可以看出,纤维即使在形成折皱后,从肉眼上看似乎还是呈"直线"状。采用周期循环拉伸测试,在微应变装置上加载碳纳米管纤维/硅橡胶复合薄膜试样,对其作为可拉伸导体的性能进行了测试,且对其电阻进行了实时测量。应该注意到,碳纳米管纤维/硅橡胶复合薄膜的总电阻是由夹在硅橡胶指间的碳纳米管纤维的数量决定的。一根长度为 60 mm 的碳纳米管纤维,其电阻值约为 1.2×10^4 Ω。因此,可以预

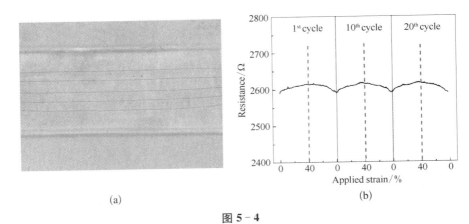

(a)　　　　　　　　　　　　　　(b)

图 5 - 4

(a) 用光学照相机拍摄的一个含有五根形成折皱的、夹在上下两层硅橡胶之间的碳纳米管纤维可伸展导体;(b) 在预应变为 40% 的拉伸-回复循环测试中碳纳米管纤维/硅橡胶复合薄膜的电阻与加载应变的关系图(为了便于比较,在该图中只显示了在第 1 次、第 10 次以及第 20 次周期测试中的数据)

计,一个含有五根平行排列的碳纳米管纤维的复合薄膜的电阻值只有一根纤维电阻值的五分之一,即约为 2.6×10^3 Ω。在预应变为 40% 的拉伸-回复循环测试中所测量的碳纳米管纤维/硅橡胶复合薄膜的电阻随着加载应变的变化显示在图 5 - 4(b)中。从该图中可以看到,随着拉伸应变逐步增加至基体预应变值 40%,该复合薄膜的电阻值只略微增长了 30 Ω,这一数值仅是薄膜在初始状态下的电阻值的 1%。而当将基体中的应变缓慢释放并回复到初始长度时,该复合薄膜的电阻值又随着应变的减少而呈现出相应的降低,并最终回到初始状态值。在之后的多次拉伸—回复循环测试中,复合薄膜的电阻始终以同样的规律随着应变的变化而发生相应改变(图 5 - 4(b))。由于碳纳米管纤维的导电性是由纤维中每根碳纳米管的导电率以及相邻碳纳米管之间的接触电阻决定的,因此,即使在拉伸—回复循环测试中纤维中的碳纳米管束之间存在相互滑移,纤维中大量碳纳米管之间总的接触面积仍然保持不变,从而使得复合薄膜的电阻在测试中也能保持稳定。应该注意到,碳纳米管纤维的拉伸断裂应变为 5%,这个值要远小于碳纳米管薄膜的相应值[16]。

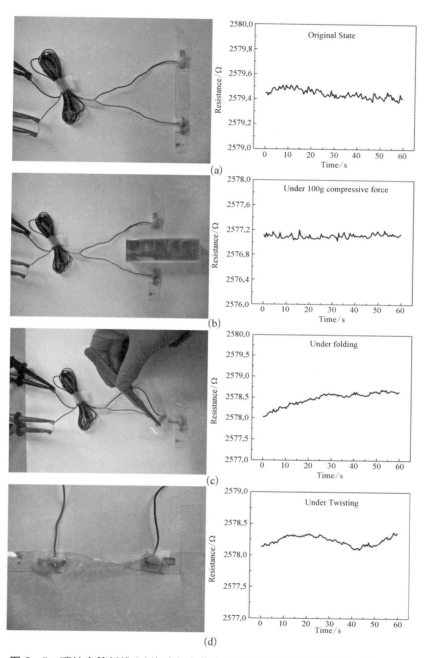

图 5 - 5　碳纳米管纤维/硅橡胶复合薄膜试样分别在 (a) 初始状态、(b) 100 g
压缩外力、(c) 折叠以及 (d) 扭转外力下的电阻稳定性

因此,在本研究中,形成折皱的碳纳米管纤维只在被拉直之前是可循环伸展的,并且它们的伸展性在很大程度上取决于试样制备过程中对基体设定的预拉伸应变值。

为了测试碳纳米管纤维/硅橡胶复合薄膜试样在其他形变状态下的导电特性,分别对复合薄膜施加压缩外力、折叠外力以及扭转外力,并记录薄膜在每一种形变条件下保持 1 min 的电阻值,实验结果如图 5-5 所示。为了便于比较,我们对薄膜在初始状态下的电阻也进行了测试。从该图中可以看到,该复合薄膜的电阻在三种形变条件,即压缩外力、折叠外力以及 360°扭转外力下均保持稳定。这意味着基于碳纳米管纤维的复合薄膜在作为可伸展、可弯曲、可扭转和可折叠性能的柔性电子器件方面具有潜在的应用价值。

5.4　本　章　小　结

在本研究中,我们采用了一种简单的预拉伸-折皱法制备了基于折皱的碳纳米管纤维的可伸展导体。为了增强碳纳米管纤维和硅橡胶基体之间的界面粘结强度,从而促使纤维折皱的形成,在碳纳米管纤维被转移到预拉伸的基体之前,先通过浸涂法在碳纳米管纤维表面涂覆一层很薄的硅橡胶液体。将纤维表面的硅橡胶液体固化后,释放基体中的预应变使其回复到初始长度,具有低弯曲模量的碳纳米管纤维便会发生侧向折皱。另一方面,当将 T300 碳纤维与同样的预拉伸的基体相粘结并释放基体中的预应变后,具有高弯曲模量的碳纤维便断裂成很多小段。本研究制备出的碳纳米管纤维/硅橡胶复合薄膜的电阻在预拉伸应变为 40% 的多次拉伸-回复循环测试下的变化率仅有 1%,并且该复合薄膜的电阻在三种形变条件,即压缩外力、折叠外力以及 360°扭转外力下,均保持稳定。这意味着形成折皱的碳纳米管纤维在作为可伸展导体时具有优良的结构稳定性和可反复变形特性。随着近年来碳纳米管纤维力学性能的不断提高以及在本研究中所展示的特有的拉伸性能,碳纳米管纤维有望进一步在多功能复合材料的增强方面提高它们自身的应用价值。

第6章

结论与展望

6.1 结　　论

本论文对一种新型的纤维材料——碳纳米管连续纤维及由环氧树脂渗滤形成的碳纳米管/环氧树脂复合纤维的力学性能进行了表征,并展示了碳纳米管连续纤维作为可拉伸导体的潜在应用。主要研究内容包括两大部分:① 碳纳米管纤维及碳纳米管/环氧树脂复合纤维的力学性能(拉伸性能、与环氧树脂基体的界面性能、耐压性能、应力松弛性能)表征;② 以硅橡胶(PDMS)为基体,研究了基于碳纳米管纤维的复合薄膜作为可伸展导体的应用。我们主要获得了以下一些重要结论。

(1) 采用单纤拉伸测试对采用碳纳米管毛毡纺丝法生产的 50 根碳纳米管纤维的拉伸性能进行了表征。碳纳米管纤维的平均拉伸强度、拉伸模量及断裂伸长率分别为:(1.2 ± 0.3) GPa、(42.3 ± 7.4) GPa 及 $2.7\%\pm0.5\%$。利用含有两个参数的 Weibull 分布模型对碳纳米管纤维的统计拉伸强度进行了分析,通过线性拟合得到碳纳米管纤维的 Weibull 形状因子 m 为 5.44。由于 m 值与分散的程度成反比,因此,这一结果表明,目前这种碳纳米管纤维在拉伸强度的分散要小于采用气象沉积法生产的多壁碳纳米管($m=1.7$)和没有经过表面处理的传统碳纤维($m=4.5$)及玻璃纤维($m=5.12$)的拉伸强度的分散。

(2)采用纤维微滴测试对碳纳米管纤维/环氧树脂复合材料的界面性能进行了表征。实验结果表明它们的有效界面强度(Effective IFSS)为 14.4 MPa。SEM 表明,与传统纤维增强的复合材料不同,碳纳米管纤维/复合材料的界面滑移发生在碳纳米管束与环氧树脂渗透形成的碳纳米管纤维/环氧树脂界面层之间。分析了碳纳米管纤维在微滴测试中,作为纤维自由测试长度以及埋入树脂微滴长度函数的使纤维发生拉伸断裂的累积可能性。实验结果表明,纤维样品发生拉伸断裂的累积可能性与纤维自由测试长度以及纤维埋入树脂微滴的长度成正比。在本研究体系中,纤维埋入树脂微滴的长度应该控制在 $60\sim150~\mu\mathrm{m}$ 之间,以确保界面脱粘发生在纤维拉伸断裂之前。

(3)采用浸润法制备了碳纳米管/环氧树脂复合纤维。当纤维被环氧树脂浸润后,碳纳米管纤维的力学性能得到了很大提高,其中拉伸强度提高了 26%,拉伸杨氏模量提高了 42%,而断裂伸长率降低了 28%。

(4)采用拉伸回弹测试研究了原始碳纳米管纤维与碳纳米管/环氧树脂复合纤维的耐压性能。原始碳纳米管纤维的回弹耐压强度为 416.2 MPa,而复合纤维的耐压强度值为 573 MPa,与原始碳纳米管纤维相比,提高了 38%。纤维力学性能的提高要归功于环氧树脂对纤维的有效渗透,这种渗透提高了界面粘结性能及荷载传递到碳纳米管的效率。对纤维表面形貌的微观分析表明,折皱的产生是原始碳纳米管纤维发生压缩破坏的主要失效模式;而对碳纳米管/环氧树脂复合纤维来说,由于环氧树脂对纤维的浸润使得纤维的脆性提高,从而使得复合纤维展示出既有拉伸破坏也有压缩破坏的弯曲破坏模式。

（5）在应力松弛实验中，原始碳纳米管纤维及碳纳米管/环氧树脂复合纤维都表现出了较大的应力下降，而在碳纤维中却没有观察到应力松弛行为。对于原始碳纳米管纤维及碳纳米管/环氧树脂复合纤维来说，初始应变水平越高，拉伸应变速率越小，纤维测试长度越长，应力下降的速率就越快。与原始碳纳米管相比，在相同的初始应变条件下，复合纤维的应力松弛速率较高；而当在一个初始应变条件下保持1 h之后，复合纤维中保留的应力松弛模量要高于纯碳纳米管纤维的相应值。

（6）在纤维拉伸测试中的原位拉曼表征结果显示，纯碳纳米管纤维与复合纤维的 G′ 谱带峰位的下滑速率分别为 5.07 cm^{-1}/% 和 8.51 cm^{-1}/%。复合纤维 G′ 谱带峰位下滑速率的提高意味着与在纯纤维中相比，在复合纤维中的碳纳米管能够在一给定的宏观应变下承载更多的外力。在拉伸应力松弛测试中的原位拉曼表征结果显示，碳纳米管纤维 G′ 谱带峰位随着松弛时间的增加并没有发生明显的变化。由于拉曼散射对由力学拉伸造成的原子间距离的变化比较敏感，因此，这意味着在松弛实验中观察到的碳纳米管纤维的应力松弛行为很可能是纤维中的碳纳米管束发生滑移引起的。

（7）采用预拉伸—折皱法制备了基于折皱的碳纳米管纤维的可伸展导体。当释放基体中的预应变使其回复到初始长度后，具有低弯曲模量的碳纳米管纤维便会发生侧向折皱；当将 T300 碳纤维与同样的预拉伸的基体相粘结并释放基体中的预应变后，具有高弯曲模量的碳纤维便断裂成很多小段。在预拉伸应变为 40% 的多次拉伸-回复循环测试下，碳纳米管纤维/硅橡胶复合薄膜电阻的变化率仅为 1%，且该复合薄膜的电阻在三种形变条件，即压缩外力、折叠外力以及 360° 扭转外力下，均保持稳定。

6.2 进一步工作的方向

近年来,碳纳米管纤维的研究无论在制备还是在力学、电学、热学性能等方面都取得了不少实质性的进展,其产品也在高性能材料领域中显示了极大的应用前景。但是,必须看到,当前的碳纳米管纤维从制备技术到应用发展都面临着需要进一步技术突破的迫切要求,主要表现为以下几个方面。

(1) 低成本、大批量、高可控性碳纳米管原料的制备技术:由于已合成碳纳米管中存在的晶格缺陷,其力学性能及物理性能均远远低于它们的理论值;此外,要制备出含有纯金属性或纯半导体性碳纳米管组成的纤维仍然是一个巨大的挑战,并且现今仍然缺乏一种有效的手段将这两种不同类型的碳纳米管从其混合物中分开。

(2) 高质量可抽丝碳纳米管阵列的大规模制备技术:如今世界上很多实验室制备出的碳纳米管阵列都面临着不具有可纺性的难题,因此,有必要全面探讨制备高质量可抽丝碳纳米管阵列的最优条件并深入了解碳纳米管阵列抽丝成纤的机理。

(3) 碳纳米管的优异性能在其微观及宏观结构水平的有效传递:迄今为止,碳纳米管纤维的力学性能及物理性能仍远远低于单根碳纳米管的相应值。这意味着在通过控制碳纳米管的长度、直径、壁厚和排列密度等条件,以提高纤维中碳纳米管之间的荷载传递效率方面仍然具有巨大的研究潜力。增强碳纳米管之间的成键作用也许是一种提高碳纳米管纤维拉伸强度的有效手段。

(4) 碳纳米管纤维性能表征的统一标准的建立:对碳纳米管纤维测试及结果评估仍然缺乏统一的标准,这为合理比较来源不同的碳纳米管纤维的性能带来了诸多困难。例如,在表征纤维拉伸强度方面,应涉及纤维试样的测试长度、统计强度分布、纤维密度等因素,还应标明测量结果为基于纤维有效截面的真实拉伸应力还是基于纤维标称截面的工程应力。

(5)对碳纳米管纤维纳米结构和微观结构的深入了解:连续碳纳米管纤维的内部结构包括从纳米尺度到微观尺度再到宏观尺度的三种分级结构。碳纳米管之间及管束之间的相互作用对纤维强度的大小会产生重要影响。具体来说,决定纤维强度的关键因素可能会包括:碳纳米管的尺寸大小、壁厚及发生折叠的可能性、碳纳米管沿着纤维长度排列的密度、碳纳米管之间发生缠绕的特性及程度、碳纳米管自由端点的影响、碳纳米管在纤维表面和纤维内部之间发生的松弛及不完全迁移行为[56]、纤维的加捻角度及其沿着纤维长度的分布等。利用实验表征及理论分析/模拟对碳纳米管纤维进行协同研究,这对提高纤维的性能是很有必要的。

(6)碳纳米管纤维/基体界面行为的深入了解:与传统碳纤维不同,碳纳米管纤维不具有致密的均一结构,这使得其与碳纤维在和基体材料之间的相互作用方面也存在差异。碳纳米管纤维的多孔性结构使得其被树脂基体渗滤后,碳纳米管之间的荷载传递效率提高,从而使得纤维的力学性能可以得到大幅度增强。今后的研究重点应包括纤维—树脂界面强度的识别、对纤维表面进行预处理以提高碳纳米管束之间和纤维与树脂之间的相互作用。

碳纳米管纤维的优越性能吸引着各国科学家们的密切注意,虽然目前还没大规模生产使用,但已有科研单位和企业开始建设这类纺丝生产线,显示出批量化迹象。可以预见,一旦碳纳米管纤维实现产业化,必将带来高性能纤维领域的重大变革和进步。

参考文献

［1］ Iijima S. Helical microtubules of graphitic carbon［J］. Nature，1991，354
     (6348)：56 - 58.

［2］ Thostenson E T，Ren Z F，Chou T W. Advances in the science and
     technology of carbon nanotubes and their composites：A review［J］. Compos
     Sci Technol，2001，61(13)：1899 - 1912.

［3］ Yu M-F，Files B S，Arepalli S，et al. Tensile loading of ropes of single wall
     carbon nanotubes and their mechanical properties［J］. Phys Rev Lett，2000，
     84(24)：5552 - 5555.

［4］ Zhang X F，Li Q W，Holesinger T G，et al. Ultrastrong，stiff，and
     lightweight carbon-nanotube fibers［J］. Adv Mater，2007，19(23)：
     4198 -4201.

［5］ Koziol K，Vilatela J，Moisala A，et al. High-performance carbon nanotube
     fiber［J］. Science，2007，318(5858)：1892 - 1895.

［6］ Chou T W，Gao L M，Thostenson E T，et al. An assessment of the science
     and technology of carbon nanotube-based fibers and composites［J］. Compos
     Sci Technol，2010，70(1)：1 - 19.

［7］ Vigolo B，Penicaud A，Coulon C，et al. Macroscopic fibers and ribbons of
     oriented carbon nanotubes［J］. Science，2000，290(5495)：1331 - 1334.

［8］ Dalton A B，Collins S，Munoz E，et al. Super-tough carbon-nanotube fibres [J]. Nature，2003，423(6941)：703－703.

［9］ Ericson L M，Fan H，Peng H Q，et al. Macroscopic，neat，single-walled carbon nanotube fibers[J]. Science，2004，305(5689)：1447－1450.

［10］ Jiang K L，Li Q Q，Fan S S. Nanotechnology：Spinning continuous carbon nanotube yarns - carbon nanotubes weave their way into a range of imaginative macroscopic applications[J]. Nature，2002，419(6909)：801－801.

［11］ Zhang M，Atkinson K R，Baughman R H. Multifunctional carbon nanotube yarns by downsizing an ancient technology[J]. Science，2004，306(5700)：1358－1361.

［12］ Zhang X B，Jiang K L，Teng C，et al. Spinning and processing continuous yarns from 4-inch wafer scale super-aligned carbon nanotube arrays[J]. Adv Mater，2006，18(12)：1505－1510.

［13］ Zhu H W，Xu C L，Wu D H，et al. Direct synthesis of long single-walled carbon nanotube strands[J]. Science，2002，296(5569)：884－886.

［14］ Li Y L，Kinloch I A，Windle A H. Direct spinning of carbon nanotube fibers from chemical vapor deposition synthesis[J]. Science，2004，304(5668)：276－278.

［15］ Motta M，Moisala A，Kinloch I A，et al. High performance fibres from "dog bone" carbon nanotubes[J]. Adv Mater，2007，19(21)：3721－3726.

［16］ Ma W J，Liu L Q，Yang R，et al. Monitoring a micromechanical process in macroscale carbon nanotube films and fibers[J]. Adv Mater，2009，21(5)：603－608.

［17］ Feng J-M，Wang R，Li Y-L，et al. One-step fabrication of high quality double-walled carbon nanotube thin films by a chemical vapor deposition process[J]. Carbon，2010，48(13)：3817－3824.

［18］ Ci L，Punbusayakul N，Wei J，et al. Multifunctional macroarchitectures of double-walled carbon nanotube fibers[J]. Adv Mater, 2007, 19(13): 1719 - 1723.

[19] Zheng L, Zhang X, Li Q, et al. Carbon-nanotube cotton for large-scale fibers[J]. Adv Mater, 2007, 19(18): 2567 - 2570.

[20] Tang J, Gao B, Geng H, et al. Assembly of 1d nanostructures into sub-micrometer diameter fibrils with controlled and variable length by dielectrophoresis[J]. Adv Mater, 2003, 15(16): 1352 -1355.

[21] Zhang S, Koziol K K K, Kinloch I A, et al. Macroscopic fibers of well-aligned carbon nanotubes by wet spinning[J]. Small, 2008, 4(8): 1217 - 1222.

[22] Kozlov M E, Capps R C, Sampson W M, et al. Spinning solid and hollow polymer-free carbon nanotube fibers[J]. Adv Mater, 2005, 17(5): 614 - 617.

[23] Zhou W, Vavro J, Guthy C, et al. Single wall carbon nanotube fibers extruded from super-acid suspensions: Preferred orientation, electrical, and thermal transport[J]. J Appl Phys, 2004, 95(2): 649 - 655.

[24] Steinmetz J, Glerup M, Paillet M, et al. Production of pure nanotube fibers using a modified wet-spinning method[J]. Carbon, 2005, 43(11): 2397 - 2400.

[25] Davis V A, Parra-Vasquez A N G, Green M J, et al. True solutions of single-walled carbon nanotubes for assembly into macroscopic materials[J]. Nat Nanotechnol, 2009, 4(12): 830 - 834.

[26] Muñoz E, Suh D S, Collins S, et al. Highly conducting carbon nanotube/polyethyleneimine composite fibers[J]. Adv Mater, 2005, 17(8): 1064 - 1067.

[27] Launois P, Marucci A, Vigolo B, et al. Structural characterization of nanotube fibers by x-ray scattering[J]. J Nanosci Nanotechno, 2001, 1(2): 125 - 128.

[28] Miaudet P，Badaire S，Maugey M，et al. Hot-drawing of single and multiwall carbon nanotube fibers for high toughness and alignment[J]. Nano Lett，2005，5(11)：2212 - 2215.

[29] Vigolo B，Poulin P，Lucas M，et al. Improved structure and properties of single-wall carbon nanotube spun fibers[J]. Appl Phys Lett，2002，81(7)：1210 -1212.

[30] Dalton A B，Collins S，Razal J，et al. Continuous carbon nanotube composite fibers：Properties，potential applications，and problems[J]. J Mater Chem，2004，14(1)：1 - 3.

[31] Razal J M，Coleman J N，Muñoz E，et al. Arbitrarily shaped fiber assemblies from spun carbon nanotube gel fibers[J]. Adv Funct Mater，2007，17(15)：2918 - 2924.

[32] Zhang Y，Zou G，Doorn S K，et al. Tailoring the morphology of carbon nanotube arrays：From spinnable forests to undulating foams[J]. ACS nano，2009，3(8)：2157 - 2162.

[33] Huynh C P，Hawkins S C. Understanding the synthesis of directly spinnable carbon nanotube forests[J]. Carbon，2010，48(4)：1105 - 1115.

[34] Nakayama Y. Synthesis，nanoprocessing，and yarn application of carbon nanotubes[J]. Jpn J Appl Phys，2008，47(10)：8149 - 8156.

[35] Kai L，Yinghui S，Ruifeng Z，et al. Carbon nanotube yarns with high tensile strength made by a twisting and shrinking method[J]. Nanotechnology，2010，21(4)：045708.

[36] Miao M，McDonnell J，Vuckovic L，et al. Poisson's ratio and porosity of carbon nanotube dry-spun yarns[J]. Carbon，2010，48(10)：2802 - 2811.

[37] Tran C D，Humphries W，Smith S M，et al. Improving the tensile strength of carbon nanotube spun yarns using a modified spinning process[J]. Carbon，2009，47(11)：2662 - 2670.

[38] Zhang S，Zhu L，Minus M，et al. Solid-state spun fibers and yarns from

1-mm long carbon nanotube forests synthesized by water-assisted chemical vapor deposition[J]. J Mater Sci, 2008, 43(13): 4356 - 4362.

[39] Liu K, Sun Y, Lin X, et al. Scratch-resistant, highly conductive, and high-strength carbon nanotube-based composite yarns[J]. ACS nano, 2010, 4 (10): 5827 - 5834.

[40] Ryu S, Lee Y, Hwang J-W, et al. High-strength carbon nanotube fibers fabricated by infiltration and curing of mussel-inspired catecholamine polymer [J]. Adv Mater, 2011, 23(17): 1971 - 1975.

[41] Tran C D, Lucas S, Phillips D G, et al. Manufacturing polymer/carbon nanotube composite using a novel direct process[J]. Nanotechnology, 2011, 22(14): 145302.

[42] Kuznetsov A A, Fonseca A F, Baughman R H, et al. Structural model for dry-drawing of sheets and yarns from carbon nanotube forests[J]. ACS nano, 2011, 5(2): 985 - 993.

[43] Zhu C, Cheng C, He Y H, et al. A self-entanglement mechanism for continuous pulling of carbon nanotube yarns[J]. Carbon, 2011, 49(15): 4996 - 5001.

[44] Ci L, Li Y, Wei B, et al. Preparation of carbon nanofibers by the floating catalyst method[J]. Carbon, 2000, 38(14): 1933 - 1937.

[45] Vilatela J J, Windle A H. Yarn-like carbon nanotube fibers[J]. Adv Mater, 2010, 22(44): 4959 - 4963.

[46] Motta M, Li, Kinloch I, et al. Mechanical properties of continuously spun fibers of carbon nanotubes[J]. Nano Lett, 2005, 5(8): 1529 - 1533.

[47] Ma W, Song L, Yang R, et al. Directly synthesized strong, highly conducting, transparent single-walled carbon nanotube films[J]. Nano Lett, 2007, 7(8): 2307 - 2311.

[48] Ma W J, Liu L Q, Zhang Z, et al. High-strength composite fibers: Realizing true potential of carbon nanotubes in polymer matrix through

continuous reticulate architecture and molecular level couplings[J]. Nano Lett，2009，9(8)：2855－2861.

[49] Shaoli F，Mei Z，Anvar A Z，et al. Structure and process-dependent properties of solid-state spun carbon nanotube yarns[J]. J Phys：Condens Matter，2010，22(33)：334221.

[50] Zhang X F，Li Q W，Tu Y，et al. Strong carbon-nanotube fibers spun from long carbon-nanotube arrays[J]. Small，2007，3(2)：244－248.

[51] Jayasinghe C，Chakrabarti S，Schulz M J，et al. Spinning yarn from long carbon nanotube arrays[J]. J Mater Res，2011，26(5)：645－651.

[52] Li Q W，Li Y，Zhang X F，et al. Structure-dependent electrical properties of carbon nanotube fibers[J]. Adv Mater，2007，19(20)：3358－3363.

[53] Jia J J，Zhao J N，Xu G，et al. A comparison of the mechanical properties of fibers spun from different carbon nanotubes[J]. Carbon，2011，49(4)：1333－1339.

[54] Zhao J，Zhang X，Di J，et al. Double-peak mechanical properties of carbon-nanotube fibers[J]. Small，2010，6(22)：2612－2617.

[55] Zhang X，Li Q. Enhancement of friction between carbon nanotubes：An efficient strategy to strengthen fibers[J]. ACS nano，2009，4(1)：312－316.

[56] Beyerlein I J，Porwal P K，Zhu Y T，et al. Scale and twist effects on the strength of nanostructured yarns and reinforced composites [J]. Nanotechnology，2009，20(48)：485702.

[57] Porwal P K，Beyerlein I J，Phoenix S L. Statistical strength of twisted fiber bundles with load sharing controlled by frictional length scales[J]. J Mech Mater Struct，2007，2(4)：773－791.

[58] Vilatela J J，Elliott J A，Windle A H. A model for the strength of yarn-like carbon nanotube fibers[J]. ACS nano，2011，5(3)：1921－1927.

[59] Deng F，Lu W B，Zhao H B，et al. The properties of dry-spun carbon nanotube fibers and their interfacial shear strength in an epoxy composite

[J]. Carbon, 2011, 49(5): 1752 – 1757.

[60] Lu W, Chou T W. Analysis of the entanglements in carbon nanotube fibers using a self-folded nanotube model[J]. J Mech Phys Solids, 2011: 511 –524.

[61] Balandin A A. Thermal properties of graphene and nanostructured carbon materials[J]. Nat Mater, 2011, 10(8): 569 – 581.

[62] Baughman R H, Zakhidov A A, de Heer W A. Carbon nanotubes — the route toward applications[J]. Science, 2002, 297(5582): 787 – 792.

[63] Kim P, Shi L, Majumdar A, et al. Thermal transport measurements of individual multiwalled nanotubes [J]. Phys Rev Lett, 2001, 87 (21): 215502.

[64] Bernholc J, Brenner D, Nardelli M B, et al. Mechanical and electrical properties of nanotubes[J]. Ann Rev Mater Res, 2002, 32: 347 – 375.

[65] Sundaram R M, Koziol K K K, Windle A H. Continuous direct spinning of fibers of single-walled carbon nanotubes with metallic chirality[J]. Adv Mater, 2011, 23(43): 5064 – 5068.

[66] Jakubinek M B, Johnson M B, White M A, et al. Thermal and electrical conductivity of array-spun multi-walled carbon nanotube yarns[J]. Carbon, 2012, 50(1): 244 – 248.

[67] Miao M. Electrical conductivity of pure carbon nanotube yarns[J]. Carbon, 2011, 49(12): 3755 – 3761.

[68] Badaire S, Pichot V, Zakri C, et al. Correlation of properties with preferred orientation in coagulated and stretch-aligned single-wall carbon nanotubes[J]. J Appl Phys, 2004, 96(12): 7509 – 7513.

[69] Miaudet P, Bartholome C, Derré A, et al. Thermo-electrical properties of pva-nanotube composite fibers[J]. Polymer, 2007, 48(14): 4068 – 4074.

[70] Randeniya L K, Bendavid A, Martin P J, et al. Composite yarns of multiwalled carbon nanotubes with metallic electrical conductivity[J]. Small, 2010, 6(16): 1806 – 1811.

［71］ Zhao Y，Wei J，Vajtai R，et al. Iodine doped carbon nanotube cables exceeding specific electrical conductivity of metals[J]. Sci Rep，2011，1：83.

［72］ Aliev A E，Guthy C，Zhang M，et al. Thermal transport in mwcnt sheets and yarns[J]. Carbon，2007，45(15)：2880－2888.

［73］ Thostenson E T，Li C Y，Chou T W. Nanocomposites in context[J]. Compos Sci Technol，2005，65(3－4)：491－516.

［74］ Mora R J，Vilatela J J，Windle A H. Properties of composites of carbon nanotube fibres[J]. Compos Sci Technol，2009，69(10)：1558－1563.

［75］ Zhao H B，Zhang Y Y，Bradford P D，et al. Carbon nanotube yarn strain sensors[J]. Nanotechnology，2010，21(30)：305502.

［76］ Goho A. Nice threads：The golden secret behind spinning carbon-nanotube fibers[J]. Science News，2004，165(23)：363－365.

［77］ Wang J，Deo R P，Poulin P，et al. Carbon nanotube fiber microelectrodes [J]. J Am Chem Soc，2003，125(48)：14706－14707.

［78］ Viry L，Derré A，Garrigue P，et al. Optimized carbon nanotube fiber microelectrodes as potential analytical tools[J]. Anal Bioanal Chem，2007，389(2)：499－505.

［79］ Zhong X H，Li Y L，Liu Y K，et al. Continuous multilayered carbon nanotube yarns[J]. Adv Mater，2010，22(6)：692－696.

［80］ Muñoz E，Dalton A B，Collins S，et al. Multifunctional carbon nanotube composite fibers[J]. Adv Eng Mater，2004，6(10)：801－804.

［81］ Baughman R H，Cui C X，Zakhidov A A，et al. Carbon nanotube actuators [J]. Science，1999，284(5418)：1340－1344.

［82］ Viry L，Mercader C，Miaudet P，et al. Nanotube fibers for electromechanical and shape memory actuators[J]. J Mater Chem，2010，20(17)：3487－3495.

［83］ Mirfakhrai T，Oh J，Kozlov M，et al. Carbon nanotube yarns as high load actuators and sensors[J]. Adv Sci Technol，2009，61：65－74.

［84］ Mirfakhrai T，Oh J，Kozlov M E，et al. Mechanoelectrical force sensors using twisted yarns of carbon nanotubes [J]. IEEE/ASME Trans Mechatronics, 2011, 16(1): 90 - 97.

[85] Mirfakhrai T, Oh J, Kozlov M, et al. Electrochemical actuation of carbon nanotube yarns[J]. Smart Mater Struct, 2007, 16(2): S243 - S249.

[86] Mirfakhrai T, Oh J, Kozlov M, et al. Carbon nanotube yarn actuators: An electrochemical impedance model[J]. J Electrochem Soc, 2009, 156(6): 97 - 103.

[87] Foroughi J, Spinks G M, Wallace G G, et al. Torsional carbon nanotube artificial muscles[J]. Science, 2011, 334(6055): 494 - 497.

[88] Ruoff R S, Qian D, Liu W K. Mechanical properties of carbon nanotubes: Theoretical predictions and experimental measurements[J]. Comptes Rendus Physique, 2003, 4(9): 993 - 1008.

[89] Li Q W, Zhang X F, DePaula R F, et al. Sustained growth of ultralong carbon nanotube arrays for fiber spinning[J]. Adv Mater, 2006, 18(23): 3160 - 3163.

[90] Filleter T, Bernal R, Li S, et al. Ultrahigh strength and stiffness in cross-linked hierarchical carbon nanotube bundles[J]. Adv Mater, 2011, 23(25): 2855 - 2860.

[91] Naraghi M, Filleter T, Moravsky A, et al. A multiscale study of high performance double-walled nanotube-polymer fibers[J]. ACS nano, 2010, 4(11): 6463 - 6476.

[92] Behabtu N, Green M J, Pasquali M. Carbon nanotube-based neat fibers[J]. Nano Today, 2008, 3(5 - 6): 24 - 34.

[93] Bogdanovich A E, Bradford P D. Carbon nanotube yarn and 3-d braid composites. Part i: Tensile testing and mechanical properties analysis[J]. Composites Part A, 2010, 41(2): 230 - 237.

[94] Herrera-Franco P J, Drzal L T. Comparison of methods for the measurement of fibre/matrix adhesion in composites[J]. Composites, 1992,

23(1)：2-27.

[95] Gao X. Tailored interphase structure for improved strength and energy absorption of composites：[Doctor of Philosophy][J]. Newark DE：University of Delaware，2006.

[96] Chou T-W. Microstructural design of fiber composites[J]. Cambridge：Cambridge University Press，1992.

[97] Fothergill J C. Estimating the cumulative probability of failure data points to be plotted on weibull and other probability paper[J]. IEEE Trans Electr Insul，1990，25(3)：489-492.

[98] Barber A H，Andrews R，Schadler L S，et al. On the tensile strength distribution of multiwalled carbon nanotubes[J]. Appl Phys Lett，2005，87(20)：203106.

[99] Chi Z，Chou T W，Shen G. Determination of single fibre strength distribution from fibre bundle testings[J]. J Mater Sci，1984，19(10)：3319-3324.

[100] Andersons J，Joffe R，Hojo M，et al. Glass fibre strength distribution determined by common experimental methods[J]. Compos Sci Technol，2002，62(1)：131-145.

[101] Miller B，Muri P，Rebenfeld L. A microbond method for determination of the shear-strength of a fiber-resin interface[J]. Compos Sci Technol，1987，28(1)：17-32.

[102] Netravali A N，Stone D，Ruoff S，et al. Continuous micro-indenter push-through technique for measuring interfacial shear-strength of fiber composites[J]. Compos Sci Technol，1989，34(4)：289-303.

[103] Zhang F H，Wang R G，He X D，et al. Interfacial shearing strength and reinforcing mechanisms of an epoxy composite reinforced using a carbon nanotube/carbon fiber hybrid[J]. J Mater Sci，2009，44(13)：3574-3577.

[104] Kang S-K，Lee D-B，Choi N-S. Fiber/epoxy interfacial shear strength

measured by the microdroplet test[J]. Compos Sci Technol, 2009, 69(2): 245 – 251.

[105] Gao X, Jensen R E, Li W, et al. Effect of fiber surface texture created from silane blends on the strength and energy absorption of the glass fiber/epoxy interphase[J]. J Compos Mater, 2008, 42(5): 513 – 534.

[106] Gojny F H, Wichmann M H G, Köpke U, et al. Carbon nanotube-reinforced epoxy-composites: Enhanced stiffness and fracture toughness at low nanotube content[J]. Compos Sci Technol, 2004, 64(15): 2363 – 2371.

[107] Lu W, Zu M, Byun J H, et al. State of the art of carbon nanotube fibers: Opportunities and challenges[J]. Adv Mater, 2012, 24(14): 1805 – 1833.

[108] Liu L, Ma W, Zhang Z. Macroscopic carbon nanotube assemblies: Preparation, properties, and potential applications[J]. Small, 2011, 7 (11): 1504 – 1520.

[109] Boncel S, Sundaram R M, Windle A H, et al. Enhancement of the mechanical properties of directly spun cnt fibers by chemical treatment[J]. ACS nano, 2011, 5(12): 9339 – 9344.

[110] Zu M, Li Q, Zhu Y, et al. The effective interfacial shear strength of carbon nanotube fibers in an epoxy matrix characterized by a microdroplet test[J]. Carbon, 2012, 50(3): 1271 – 1279.

[111] Sinclair D. A bending method for measurement of the tensile strength and young's modulus of glass fibers[J]. J Appl Phys, 1950, 21(5): 380 – 386.

[112] Deteresa S, Allen S, Farris R, et al. Compressive and torsional behaviour of kevlar 49 fibre[J]. J Mater Sci, 1984, 19(1): 57 – 72.

[113] Allen S R. Tensile recoil measurement of compressive strength for polymeric high-performance fibers[J]. J Mater Sci, 1987, 22(3): 853 – 859.

[114] Hawthorne H M, Teghtsoonian E. Axial compression fracture in carbon

fibres[J]. J Mater Sci, 1975, 10(1): 41 - 51.

[115] Gao Y, Li J Z, Liu L Q, et al. Axial compression of hierarchically structured carbon nanotube fiber embedded in epoxy[J]. Adv Funct Mater, 2010, 20(21): 3797 - 3803.

[116] Hayes G, Edie D, Kennedy J. The recoil compressive strength of pitch-based carbon fibres[J]. J Mater Sci, 1993, 28(12): 3247 - 3257.

[117] Dobb M G, Johnson D J, Park C R. Compressional behavior of carbon-fibers[J]. J Mater Sci, 1990, 25(2A): 829 - 834.

[118] Wu A S, Chou T-W, Jr. J W G, et al. Electromechanical response and failure behaviour of aerogel-spun carbon nanotube fibres under tensile loading[J]. J Mater Chem, 2012, 22: 6792 - 6798.

[119] Park J, Lee K-H. Carbon nanotube yarns[J]. Korean J Chem Eng, 2012, 29(3): 277 - 287.

[120] Wu A S, Nie X, Hudspeth M C, et al. Strain rate-dependent tensile properties and dynamic electromechanical response of carbon nanotube fibers[J]. Carbon, 2012, 50(10): 3876 - 3881.

[121] Sabelkin V, Misak H E, Mall S, et al. Tensile loading behavior of carbon nanotube wires[J]. Carbon, 2012, 50(7): 2530 - 2538.

[122] Zu M, Lu W, Li Q W, et al. Characterization of carbon nanotube fiber compressive properties using tensile recoil measurement[J]. ACS nano, 2012, 6(5): 4288 - 4297.

[123] Cronin S B, Swan A K, Unlu M S, et al. Measuring the uniaxial strain of individual single-wall carbon nanotubes: Resonance raman spectra of atomic-force-microscope modified single-wall nanotubes[J]. Phys Rev Lett, 2004, 93(16): 167401.

[124] Cronin S B, Swan A K, Unlu M S, et al. Resonant raman spectroscopy of individual metallic and semiconducting single-wall carbon nanotubes under uniaxial strain[J]. Phys Rev B, 2005, 72(3): 035425.

[125] Vilatela J J, Deng L, Kinloch I A, et al. Structure of and stress transfer in fibres spun from carbon nanotubes produced by chemical vapour deposition[J]. Carbon, 2011, 49(13): 4149 - 4158.

[126] Williams G, Watts D C. Non-symmetrical dielectric relaxation behaviour arising from a simple empirical decay function[J]. Trans Faraday Soc, 1970, 66(0): 80 - 85.

[127] Gelinck G H, Huitema H E A, van Veenendaal E, et al. Flexible active-matrix displays and shift registers based on solution-processed organic transistors[J]. Nat Mater, 2004, 3(2): 106 - 110.

[128] Sun Y, Choi W M, Jiang H, et al. Controlled buckling of semiconductor nanoribbons for stretchable electronics[J]. Nat Nanotechnol, 2006, 1(3): 201 - 207.

[129] Someya T, Kato Y, Sekitani T, et al. Conformable, flexible, large-area networks of pressure and thermal sensors with organic transistor active matrixes[J]. Proc Natl Acad Sci, 2005, 102(35): 12321 - 12325.

[130] Ko H C, Stoykovich M P, Song J, et al. A hemispherical electronic eye camera based on compressible silicon optoelectronics[J]. Nature, 2008, 454(7205): 748 - 753.

[131] Bowden N, Brittain S, Evans A G, et al. Spontaneous formation of ordered structures in thin films of metals supported on an elastomeric polymer[J]. Nature, 1998, 393(6681): 146 - 149.

[132] Kim D-H, Rogers J A. Stretchable electronics: Materials strategies and devices[J]. Adv Mater, 2008, 20(24): 4887 - 4892.

[133] Khang D-Y, Jiang H, Huang Y, et al. A stretchable form of single-crystal silicon for high-performance electronics on rubber substrates[J]. Science, 2006, 311(5758): 208 - 212.

[134] Ryu S Y, Xiao J, Park W I, et al. Lateral buckling mechanics in silicon nanowires on elastomeric substrates[J]. Nano Lett, 2009, 9(9): 3214 -

3219.

[135] Khang D-Y, Xiao J, Kocabas C, et al. Molecular scale buckling mechanics in individual aligned single-wall carbon nanotubes on elastomeric substrates [J]. Nano Lett, 2007, 8(1): 124 – 130.

[136] Rogers J A, Someya T, Huang Y. Materials and mechanics for stretchable electronics[J]. Science, 2010, 327(5973): 1603 – 1607.

[137] Sekitani T, Noguchi Y, Hata K, et al. A rubberlike stretchable active matrix using elastic conductors[J]. Science, 2008, 321(5895): 1468 – 1472.

[138] Zhu Y, Xu F. Buckling of aligned carbon nanotubes as stretchable conductors: A new manufacturing strategy[J]. Adv Mater, 2012, 24(8): 1073 – 1077.

[139] Xu F, Wang X, Zhu Y, et al. Wavy ribbons of carbon nanotubes for stretchable conductors[J]. Adv Funct Mater, 2012, 22(6): 1279 – 1283.

[140] Zhang Y, Sheehan C J, Zhai J, et al. Polymer-embedded carbon nanotube ribbons for stretchable conductors [J]. Adv Mater, 2010, 22(28): 3027 –3031.

[141] Yu C, Masarapu C, Rong J, et al. Stretchable supercapacitors based on buckled single-walled carbon-nanotube macrofilms[J]. Adv Mater, 2009, 21(47): 4793 – 4797.

[142] Liu K, Sun Y H, Liu P, et al. Cross-stacked superaligned carbon nanotube films for transparent and stretchable conductors[J]. Adv Funct Mater, 2011, 21(14): 2721 – 2728.

[143] Wu A S, Chou T W. Carbon nanotube fibers for advanced composites[J]. Mater Today, 2012, 15(7 – 8): 302 – 310.

后 记

　　岁月如梭。转眼间,从 2003 年进入德语强化班到本科再到硕博连读,我在同济大学已度过了近十年的求学生涯,即将以奉上这篇论文的形式告别美丽的校园和敬爱的老师。回首往昔,感慨良多,奋斗和辛劳成为丝丝的记忆。

　　同济,"同舟共济,自强不息"。我很庆幸,青春岁月中的大段时光是在同济度过的,我可以自豪地说,我拥有一个响亮的名字:"同济人"。十年的时光,我见证了母校迈进第二个百年的辉煌。"严谨求实,团结创新",同济大学以其优良的学习风气、严谨的科研氛围教我求学,以其博大包容的情怀胸襟、浪漫充实的校园生活育我成人。

　　从本科到硕博,我有幸师从王国建教授。十年来,王老师渊博的学识、严谨的治学态度、精益求精的工作作风和诲人不倦的高尚师德对我影响深远,并将会继续鞭策我不断学习进步,使我受益终身。

　　2010 年 9 月,这是我研究生活的一个新的起点,也是我人生的一个转折点:我有幸获得国家留学基金管理委员会"建设高水平大学公派研究生项目"的资助,作为同济大学与美国特拉华大学的联合培养博士生,开始了两年的留美生活。我十分有幸地师从于该校机械系的著名教授,也是世界复合材料领域的泰斗级人物——邹祖炜(Tsu-Wei Chou)

教授。虽然邹老师已经七十岁高龄,但是邹老师平易近人的人格魅力、宽厚的待人品格、勤奋积极的工作作风使我无比敬佩,令我受益匪浅。

在两年的留美生活中,我在课题研究方面取得了很大进展,圆满完成了我的留学计划中所要达到的预期目标,这都得益于王老师及邹老师对我研究课题的悉心指导。国内外导师对我科研工作的并行指导真正实现了我作为一个公派博士研究生的"联合培养"。我汇集点点滴滴的工作砌筑成这篇论文,其中蕴涵了国内外两位导师的诸多心血,在此谨向两位恩师致以我最真挚的敬意和感谢!

本书的完成也离不开其他各位老师、同学和朋友的关心与帮助。在此也要感谢王凤芳老师、许乾慰老师、李岩老师、李文峰老师、邱军老师、王正洲老师、刘琳老师和徐小燕老师多年来的共同探讨和交流;感谢中国科学院苏州纳米技术与纳米仿生研究所的李清文老师及其领导的课题小组成员为我的课题研究提供了高质量的碳纳米管纤维原料;感谢美国特拉华大学的 Bingqing Wei 老师、Chaoying Ni 老师、美国北卡罗来纳州立大学的 Yuntian Zhu 老师和 Yong Zhu 老师对我研究工作的指导与帮助;感谢美国特拉华大学的吕卫帮博士、Amanda Wu 博士、邓飞博士、同济大学高分子材料研究所的顾贤科博士和杨家云博士,他们不仅在学术上经常与我讨论,给我灵感,生活上他们对我也非常照顾;感谢跟我一起度过博士生活的本所的兄弟姐妹和美国的好友,黄演、付洁、周隽男、范先烨、万之昂、刘夏、曹泽源、彭嘉臻和韩自强等在生活、工作和学习的过程中给予的帮助;感谢众多优秀的师弟师妹对我的帮助。

还要感谢中国政府、教育部、留学基金委能给我这次出国深造的机会,使我得到如此多的收获;感谢母校同济大学对我出国深造的大力支持;感谢中国驻美国大使馆、大使馆教育处组在我留学期间给予的指导与帮助。

　　特别的感谢献给我的父母、亲属及魏良权！他们的理解、支持与无私奉献使我能安心地学习,最终完成学业。

祖　梅